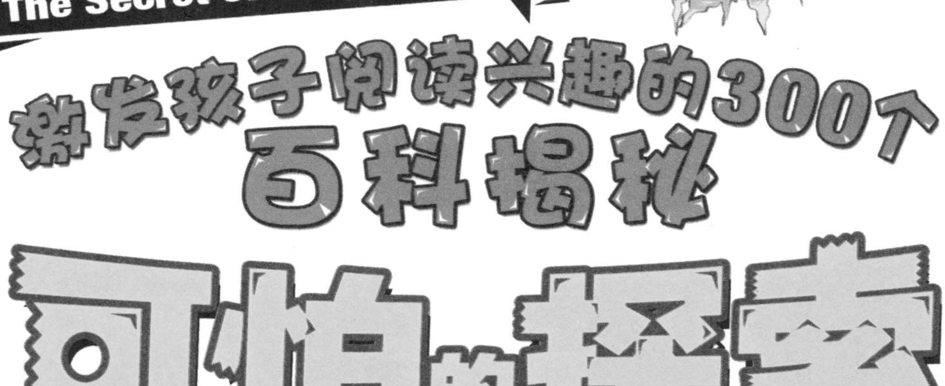


# 激发孩子阅读兴趣的300个百科揭秘

# 可怕的探索

于秉正◎主编

中国和平出版社
China Peace Publishing House

图书在版编目（CIP）数据

可怕的探索 / 于秉正主编. -- 北京 ：中国和平出版社，2011.8（2020.10重印）
（激发孩子阅读兴趣的300个百科揭秘）
ISBN 978-7-5137-0117-4

Ⅰ. ①可… Ⅱ. ①于… Ⅲ. ①自然科学－儿童读物 Ⅳ. ①N49

中国版本图书馆CIP数据核字(2011)第143428号

可怕的探索

于秉正 主编

出 版 人：林　云
责任编辑：杨　隽　　张春杰
装帧设计：百闰文化
责任印务：魏国荣

出版发行：中国和平出版社
社　　址：北京市海淀区花园路甲13号院7号楼10层（100088）
发 行 部：（010）82093832　82093801（传真）
网　　址：www.hpbook.com
E -mail：hpbook@hpbook.com
经　　销：新华书店
印　　刷：武汉福海桑田印务有限责任公司

开　　本：710毫米×1000毫米　1/16
印　　张：10
字　　数：110千字
版　　次：2011年8月第1版　2020年10月第3次印刷
印　　数：21001～41000册


ISBN 978-7-5137-0117-4　　定价：22.80元

# 目 录

# 探险者的那些“可怕”的经历

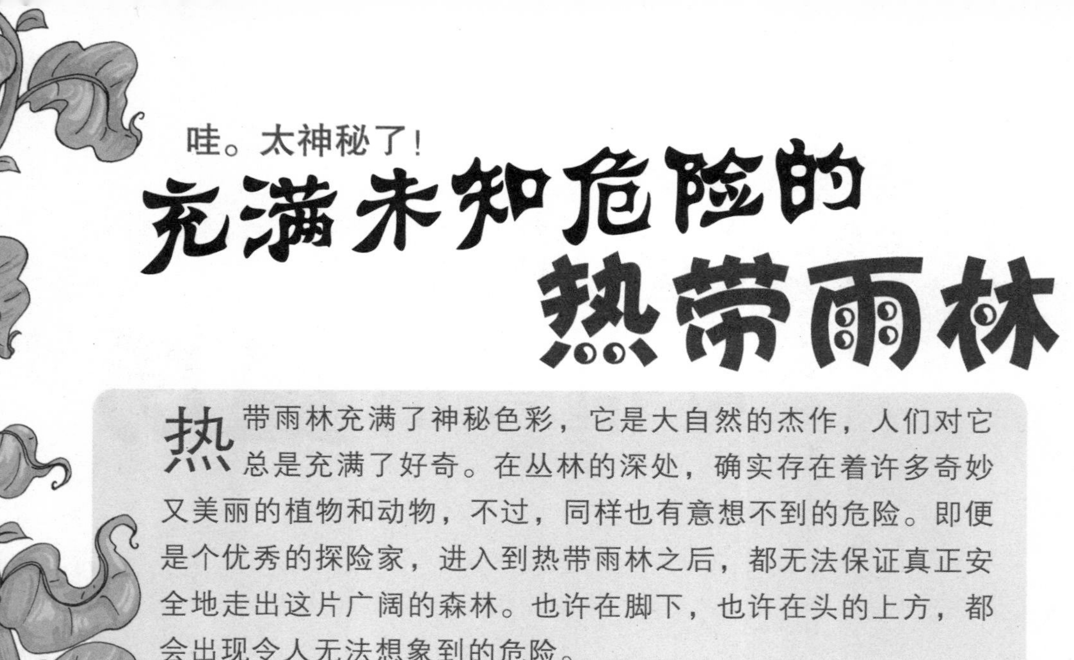

哇。太神秘了！

# 充满未知危险的热带雨林

热带雨林充满了神秘色彩，它是大自然的杰作，人们对它总是充满了好奇。在丛林的深处，确实存在着许多奇妙又美丽的植物和动物，不过，同样也有意想不到的危险。即便是个优秀的探险家，进入到热带雨林之后，都无法保证真正安全地走出这片广阔的森林。也许在脚下，也许在头的上方，都会出现令人无法想象到的危险。

## 为制作地图，想穿越热带雨林的探险家

为了制作一张玻利维亚的全国地图，英国皇家地理学会派出了优秀的地图绘制员珀西。对于珀西来说，绘制地图是一个很简单的任务，但是为了绘制精确，他需要穿越十分危险的热带雨林。在那里，珀西可能遭遇野蛮的原始部落、致命的疾病或者凶猛的野兽，当然，还有意想不到的危险。不过，珀西有着执着的精神，要去战胜那些出乎人意料的危险，所以在1906年，勇敢的珀西出发了。

穿越马托格罗蒙热带雨林是这次任务的最大考验。在热带雨林里，抬头看不到蓝天，低头满眼的苔藓，密不透风的丛林潮湿闷热，还要小心脚下的湿滑。人们在丛林里行走，不仅困难重重，还会遇到很多危险。珀西在丛林中会遇到什么呢？让我们跟他一起走进这片神秘的热带雨林吧。

## 被食人鱼咬断了手指



在丛林中遇到的危险事儿可不是一般的多。有一次，珀西和同伴与当地人发生了打斗，双方打得特别激烈。神奇的是，当珀西拿出手风琴弹奏了一首曲子之后，对方竟然停止了进攻。他们从未见过手风琴，奇妙的声音把他们吓坏了。这只是小小的

意外，糟糕的是珀西他们还遇到了可怕的食人鱼。

食人鱼又叫做水虎鱼。它可是一种残忍的食肉淡水鱼，通常只有一个成年人的巴掌大，并且有尖利的牙齿，能够轻易咬断用钢造的鱼钩，非常凶猛。一旦发现猎物，往往群起而攻之。食人鱼可以在10分钟内将一只活牛吃掉，只剩一堆白骨。因此只要涉入水中，就很容易成为它们的食物。而珀西的同伴就在洗手的时候，突然感到手指剧痛，等从水中拿出手之后，发现这可恶的食人鱼咬断了他的手指。食人鱼有着极强的生命力，往往群体攻击猎物，它们在水中几乎没有天敌。

## 遭遇了世界上体型最大的蛇——森蚺

这一天，他们终于可以在河里乘小船前进，享受一下惬意的快乐时光，可是谁也没有想到危险正在一步步地靠近。突然，小船好像要被掀翻了一样。原来，这是一条巨大的蛇。它可不是一条普通的蛇，而是一条森蚺。森蚺是世界上体型最大的蛇，粗如成年男子的躯干一般，靠捕食鹿、山羊大小的猎物生存。捕食时，森蚺通常

都是用庞大的身躯把猎物缠起来，然后再活活地将猎物勒死，最后它就把已死的猎物整个儿吞到肚子里面，慢慢地消化掉。当看到这个可怕的大“怪物”时，珀西吓坏了。这个体表黏糊糊的，带着浑身腥臭的大蛇缓缓地向大家移动过来，越来越近，从它的眼睛中仿佛都能看到即将享受美味的兴奋。他们都已经万分恐惧，吓得动也不敢动，只怕一动更加会引起它的注意并扑向自己。这时候，巨蛇以非常快的速度缠住了珀西的同伴，大家都已经吓得无法思考了，不过珀西很快恢复了镇定，举起了猎枪，对准了巨蛇。“嘭”的一声，只见巨蛇瞬间倒下，鲜红的血液从身体上迅速地流出，它不断挣扎着，不久便死了。同伴获救了，而此时的珀西已经虚弱地倒在地上，全身上下被汗水浸透了。

### “热带雨林”是怎么来的

“热带雨林”这个名称是由19世纪德国一位名叫艾尔弗雷德·辛伯尔的地理学家和植物学家起的。他认为，既然这种森林如此湿润，那么“热带雨林”这一称呼就很合适。还有一些人把热带雨林叫做丛林。“丛林”这一词实际上是来自于一个古老的印第安词汇，意思是不毛之地。话说到这儿，你是不是有些糊涂了？既然是不毛之地，为什么又会有那么多的树呢？告诉你吧，后来这个词的意思发生了变化，表示“一大丛林热带植物和树”的意思，换句话说就是“生长旺盛的雨林”的意思。

## 遭遇了可怕的电鳗

在河水中还生长着一种会放电的鱼，名字叫做电鳗。它们身长可达两米，形状像把刀，能瞬间释放出200伏的高压电，击昏猎物。电鳗的细胞里有能产生微弱电压的“电池板”，无数的“电池板”聚合之后就形成很强的电压。当鱼、蛙等猎物靠近时，就用瞬间高压将猎物杀死。这是它们特有的武器，体型庞大的动物甚至马都难逃它的电击，电鳗就以此来捕食和躲避敌害。而珀西一队人就曾被电鳗袭击过，哪怕过去了很长时间，想起来的时候还会心有余悸。

## 吃人的藤蔓

进入到热带雨林之后，探险家们的衣服都被常年存在的雾气打湿了，很快就开始发霉。想象一下那恶心的霉臭味，真是让人无法忍受。在前进中，根本就没有能够走的路，每天他们都会遇到那些讨厌的藤蔓，如果不小心，很可能就会被脚下的绿藤绊倒，然后成

为食肉植物的美餐。雨林中有一种捕人藤，七八米高，无数的枝条垂在地上，乍看上去像快断的电线，散乱地分布着。当有人或动物靠近时，它的藤条立马朝这一方向伸来，像无数有知觉的蛇一样将猎物牢牢缠住，然后枝叶中会分泌出像粘胶那样的黏液，使猎物无法挣脱。另外，这种黏液还有很强的腐蚀性，能在几分钟之内将动物腐蚀掉，成为捕人藤的美餐。待它们把猎物完全消化掉之后，又伸展开树枝，布下天罗地网等待下一位牺牲者。它们的汁液是非常宝贵的药物，当地人熟知捕人藤的特性，先用鱼喂食它，待捕人藤消化掉足够多的鱼，树枝收缩之后砍下它，取它的枝叶做药。

有些捕人藤不分泌消化动物的黏液，只用藤条牢牢缠住猎物，然后等待附近的吸血黑蝴蝶飞过来。黑蝴蝶很快就知道有猎物被缠住，纷纷飞过来吸食它们的血肉，只需片刻便咬得猎物血肉模糊，惨不忍睹。也有部分捕人藤盛开着艳丽的花朵，它们把捕捉来的猎物供给这些食人花，每吃够七八个人之后就会开出一朵食人花。除此之外，雨林里还生长着各种不知名的有毒植物，可以毒死经过它身边的人和动物。这些藤蔓有人腿那么粗，要砍掉这些藤蔓而保证自己的安全，真的不是一件容易的事，往往累得人筋疲力尽。

# 致命的易发病

当然，在雨林行进的过程中，还有各种致命的易发病。所以，一定要注意经过你身边的蚊虫，因为它们很可能携带数十种病菌和寄生虫，而其中的某种就可能导致你双目失明。有种生活在河岸边的墨蚊，外表与普通蚊子几乎没有区别，但是它们的唾液却有毒。雌蚊子嗜血，喜欢叮咬动物和人。它们在吸血时通过唾液把幼虫排入到人体内。这些幼虫繁殖出成千上万的蠕虫，蠕虫在人体内四处游走，如果死后的蠕虫流入人的眼睛，就会导致人双目失明。

有的蚊子携带有疟疾病原体，喜欢在缓慢流动的河流和池塘上产卵。当它们准备要产卵的时候，就会在水面附近盘旋。饥饿的时候会吸食人们的血液，并将寄生虫注入到人的血管中。这种寄生虫是种嗜血生

物，主要依靠吸食其他生物的血液生存。

珀西一队人在雨林中，经历了很多的艰难险阻。后来，食物几乎耗尽了，在被逼无奈的情况下，他们只能靠发臭的蜂蜜和鸟蛋维持了10天，直到猎杀了一只鹿，才得以活下来。每次经历都几乎让珀西等人丧命，但是靠着坚定的信心和勇气，他胜利完成了任务。到1914年，绘图工作终于完成了，珀西这才回到了他的祖国——英国。

## 绚烂的食人花

亚马孙丛林中生长着色彩鲜艳的花，不过你得小心，因为其中有部分花很可能会吃人。16世纪的西班牙航海家在亚马孙河流域的丛林中探险，其中有位水手发现不远处生长着艳丽夺目的花，花香诱人，他情不自禁地走过去欣赏。可是在手刚触到叶片的瞬间，叶片像蛇一样伸过来，把他牢牢缠住，几分钟内将他撕得鲜血淋漓。最后，幸亏有身手矫健的同伴相救，他才幸免于难。探险家们砍掉花之后发现，花丛的下面，全是累累白骨，不知曾经有多少人成为它的食物，变成“花下鬼”。

哇！海上的鲨鱼会不会吃了他啊！

# 海上漂流76天

1982年，29岁的新英格兰造船工程师斯蒂芬·卡拉汉梦想去环游世界，他自行设计了一条7米长的单桅小帆船，命名为“拿破仑·苏禄号”。不幸的是，船在途中遭到破坏沉入海中。于是在大约两米长的救生艇中，斯蒂芬靠鱼、雨水等存活了76天。他的这段经历真是惊险啊！

## 船沉入海中，只剩下一条救生筏

当“拿破仑·苏禄号”已经在大西洋上航行了7天的时候，斯蒂芬感到船颠簸得很厉害。他连忙看了看外面，原来海面上起了风暴。突然，他一下摔倒在船舱地板上，船好像被什么东西猛烈地撞击了一下。只有几秒钟，海水涌入船舱并漫到他的腰部。接着，船不受控制地向海底沉去。时间紧迫，斯蒂芬没有来得及割断急救袋的绳索，就赶紧逃出船舱外，将救生筏推进海里，翻身跳入救生筏。

斯蒂芬还想去取急救袋，于是让救生筏靠近下沉的船，将救生筏拴在船尾，自己游到船边，憋足了气，钻入船舱。他摸到急救袋，但感到憋的气不够了，只好又浮出水面

换气，然后再钻下去。为了割断急救袋的绳索，他换了四五次气，当他终于拿到急救袋正要转身离开时，“哗哗哗”一阵一阵海浪封住了舱口盖。求生的欲望，使他一次次挣扎着，用手去打那封闭的舱口盖。“叭”的一声，舱口盖经不住海水的压力而裂开了，他这才奋力游出了还在不断下沉的船舱。

斯蒂芬没有马上离开沉船。他在船尾系了一条长绳，要是第二天早上，船还没有完全沉入海底，他打算再到船上去拿些食物和其他必需品。天快亮时，长绳断了，船最后完全消失在海水里，斯蒂芬只剩下了这条救生筏。

## 遇到鲨鱼的袭击

连着下了整整4天的暴风雨。斯蒂芬发现，在救生筏附近常会有一种叫鲯鳅的海鱼游过，而且在筏子周围越聚越多。因为他的食物已经不多了，而这些鲯鳅能使他填饱肚皮。

一天，斯蒂芬突然感到救生筏下面被

电闪雷鸣！

什么东西拉扯着，仔细一看，不禁毛骨悚然，原来是一条巨大的鲨鱼，他拿鱼枪奋力地去刺鲨鱼，鲨鱼上下翻滚着，在海水中搅起一个个漩涡，救生筏也被它搅得摇摇晃晃。斯蒂芬拼命地刺，鲨鱼终于被赶走了，海水又恢复了平静。

斯蒂芬已经在海上漂流了10多天了，他用鱼枪猎到了几条鲯鳅，饱餐了一顿。但以后的几天，他一无所获，渐渐地，他已经没有其他食物可以充饥了。

半个月过去了，斯蒂芬的太阳能蒸馏器开始产出淡水，他给自己定下每天的饮水量，防止遇到阴天或什么不测时断绝饮用水。可这天晚上，他又遇到了鲨鱼的袭击。越来越多的鲨鱼聚到他的周围，不时在海面翻腾，扑过来咬救生筏或者在水下翻滚。斯蒂芬用鱼枪一次次地赶走这些凶恶的“海中杀手”，一会儿顾这边，一会儿又顾那边，忙得他团团转。鲨鱼离开后，他刚刚合上眼，又常常感觉它们“卷土重来”，赶忙再警觉地查看四周，这使他疲劳不堪。

## 奇迹般生还

我要活着！

一天，斯蒂芬正在全力拉一条鲯鳅到救生筏上时，鱼叉不巧折断，更糟糕的是，叉尖将救生筏的一侧刺穿了一个不小的洞，紧接着暴风雨又来了。斯蒂芬用救生筏坐垫中的泡沫橡皮将漏洞塞住，然后再用细绳扎紧。可是水仍然不停地漏进来，他只好一遍遍地给救生筏打气，然后又一遍遍地用空咖啡罐舀水。

这次意外发生的第三个晚上，斯蒂芬把手电筒绑在额头前忙活的时候，注意到一条更大的鲨鱼游过。天将亮的时候，这条鲨鱼依然围着救生筏游来游去。斯蒂芬顾不上它，用已经渗血的膝盖支撑着身体跪下，为漏气的救生筏打气。谁知，气的压力一下子将塞在漏洞上的泡沫橡皮崩飞了。他冷静地想了想，把食叉的柄把卸了下来，巧妙地解决了这个问题。救生筏上的破洞被完全塞住了，打气以后仍然塞得很紧。

斯蒂芬在海上漂流了76天，历尽了千难万险。终于，被加勒比海安提瓜岛南边的一个小岛上的渔民救了。被救上岸的斯蒂芬严重营养不良，身体脱水，全身布满了烂疮和伤口，但他的神智很清醒，向人们干哑地说出了自己的姓名。他的体重减轻了18公斤，可是当被人抬上岸几小时后，便可以不用搀扶了。

## 有能力捕食人类的鲨鱼

海洋里的鲨鱼都有能力捕食人类，但由于热带海域食物丰富，这里的鲨鱼并不凶残，用棍棒戳它敏感的鼻子就能把他戳走。鲨鱼在海洋的深处生活以及捕食，但饥饿的鲨鱼会随鱼群一起翻上水面进入浅水区。鲨鱼习惯在夜晚、黄昏或黎明时间进食，它的视力很有限，在水中主要通过嗅觉和身体摆动确定目标的位置，对血液和身体排泄物相当敏感，微弱而急促的运动也容易引起鲨鱼的注意。

# 食人族真的吃人吗

亚马孙河流域有着世界上最大的热带雨林，当然，这里除了有种类繁多、品种奇特的动植物，还有一些生活方式怪异的民族。因为很少有人敢去了解，所以那些充满着各种传说的民族显得更加神秘。如果有人跟你提到食人族，你是否会觉得恐怖呢?

## 遥远的希腊吃人传说

生活中总是有很多关于吃人的故事，让人没等听，就已经毛骨悚然了。希腊神话中的克洛诺斯，他的妻子是掌管岁月流逝的女神瑞亚。瑞亚生了许多子女，但都是刚一出生就被克洛诺斯残忍地吃掉了。因克洛诺斯的母亲早就推算出他的统治会被他的儿子所推翻，所以让他吃掉所有的孩子。当瑞亚生下宙斯时，因为担心再被丈夫吃掉，就用布裹住一块石头，谎称这是新生的婴儿。克洛诺斯错吃了石头，这才让宙斯躲过一劫。众神之神的宙斯都险些被自己的老爸吃掉，可见为了生存，很多的事情都不会按照规律去发展。在马王堆汉墓出土的一本古书上就记载，黄帝在打败蚩尤之后，不但将其毛发做成旌旗的装饰，还把他的皮做成靶子让人们以弓射之，射中者有赏；肉则剁成肉酱，与天下人分而食之。黄帝这么做真是残忍啊！不论怎样，这些只是传说中的吃人事件，而现实生活中，总流传在我们耳边的，就是残忍的食人族吃人的事件了。究竟食人族吃人吗？我们一同随着探险家斯宾塞去了解一下吧！

## 想探险可怕食人族的科学家

关于食人族的一切，最早来源于一些道听途说。食人族到底吃人与否，对于人们还真是一个谜。斯宾塞是美国的一位人类学家，他早就听说在南美洲的亚马孙丛林里生活着许多食人族部落。对于这些部落来说，人肉是神的食物，如果吃了人肉，就代表其能与神交流。斯宾塞对此非常好奇，认为这对研究人类的进化有一定的价值，于是他就带上一个助手前去寻找。

经过漫长的旅程，他们终于到了亚马孙丛林。当他向当地人打听食人族的消息时，人们对斯宾塞的行为感到很震惊。大家都告诉他：“食人族的人非常残忍，他们一定会把你们抓起来，扒了皮，把肉烤熟了来吃。这样不是去送死吗？”而斯宾塞并不是这样想的，他并不害怕，也不会轻易放弃的。他坚持要去了解食人族，于是想请一个当地人做向导，但没有一个人愿意去，而且还都不停地劝他放弃计划。在逼不得已的情况下，他学了几句可能用到的土著语，带上几件送给食人族的礼物，便和助手出发了。

## 遇到食人族首领，揭开食人族的秘密

当他们走到丛林深处的一个茅草棚边时，一阵阵吼叫声传来，突然跳出一群手拿长木棍的人，把他们围在中间。这些人脸上涂满了奇怪的图案，赤裸着上身，其中有人用弓箭瞄准了斯宾塞和助手。这一定就是传说中的食人族吧！斯宾塞想都没想立刻举起双手，而助手看着这架势想要逃跑，他立刻拉住助手，因为逃跑更容易使对方怀疑自己的行为，或许他们真的会放箭。

这时，走来一位老者，身上披着动物皮毛，头上还插着一根鹰毛。看装扮，他一定是部落的首领。斯宾塞赶紧拿出随身携带的礼物送给他，并用结结巴巴的土著语告诉对方自己没有恶意。这招果然很管用，首领一挥手，那些人就把弓箭放了下来，并带他和助手去河边洗澡。斯宾塞很高兴，因为他知道邀请客人洗澡是土著人待客的一种方式。接着首领又带他们去家里，把烤热的野兽给斯宾塞和助手吃。

通过几天的认真考察，斯宾塞发现食人族的族人们并不像传说中的那样可怕。族人们并不吃人肉，而是去打猎或者采野果。后来他知道，食人族里以前的确发生过吃人的事件，那是因为那些人冒犯了他们的神灵或者欺骗了他们。后来的首领认识到这种生活方式对族人并没有好处，因此，他们就不再吃人肉，而改吃动物的肉了。

### “最早欧洲人”竟然是食人族

考古学家对在西班牙发掘的“最早欧洲人”化石的研究证实，这些史前人类是食人一族，而且尤其喜欢吃儿童的肉。经过研究发现，这些化石可追溯到80万年前。“先驱人”可能是经过长时间的迁徙，经过中东、意大利北部和法国来到阿塔普埃卡的这个山洞并定居下来，因为这里非常适合人类居住，容易捕到猎物。“这意味着他们并不是因为食物缺乏而食人。食人不是一次性的行为，而是持续的。”卡斯特罗说。另一个有意义的发现是，考古学家已经确认的11名“受害者”中，大部分是儿童或者青少年，这表明他们杀死了其他族群的年轻一代。至于为什么要吃儿童，这仍是一个谜。

# 遭遇可怕的行军蚁

哈哈，遇到我，你就倒霉了！

在辽阔的南美热带雨林之中，隐藏着许多让人胆颤心惊的凶险，有像水桶一样粗细的南美巨蟒，有成群结队飞出洞穴咬人的吸血蝙蝠，还有能够毒死大象的剧毒蜘蛛等可怕的动物。但是说到最让当地人闻之色变的，恐怕就要属一种经常能够见到的细小昆虫——行军蚁了。

## 动物被行军蚁驱赶逃亡

菲尼克斯是美国一家杂志社的记者，由于受到《国家地理》杂志的指派，去亚马孙热带雨林进行考察。他雇佣了一个叫诺马的印第安向导，在准备好了一切后，就朝着热带雨林深处出发了。在这里，菲尼克斯终于感受到“热带雨林”这个名字的由来了。这片密林分布在靠近赤道的地区，受到热带低气压的影响，这里长期高温多雨。在密林之中，每一场雨都会被储存在雨林植物的叶片上，而每当风吹过时，这些水滴就会从树叶之间滴落下来，就好像整天都在下雨一样。他们行进在当地的印第安人开辟出来的蜿蜒小路上，倒也没有遇上什么麻烦，直到3天后……

这一天，向导诺马首先察觉到了一些异样——在天上有许多尖叫着的鸟儿；在地上，

还有大批野兽跌跌撞撞地向着同一个方向跑去。它们惊慌失措，就像在集体逃命一样。看到这样的情况，诺马急忙跳下汽车，先是用耳朵贴着地面听了听，然后又像猿猴一样快速攀上了附近的一棵大树，向远处望去。等到他从树上下来以后，整张脸变得毫无血色，有些语无伦次地对菲尼克斯大声喊道："魔鬼……那是森林的魔鬼……行军蚁，大群的，它们正在向我们逼近！"

## 一分钟就可以吃掉一头牛的行军蚁群

菲尼克斯看到了向导诺马脸上难以掩饰的恐慌，也直到这个时候他才想起一位昆虫学家给予自己的忠告："你在那里一定要小心一种叫做行军蚁的蚂蚁，虽然它们

还没有你的指甲盖大，但是由于没有固定的巢穴，所以会不断地迁徙，并在行动中发现并吃掉一切猎物。一般来说，一个行军蚁群有100万到200万之多的行军蚁，它们翻山越岭，长途跋涉，所过之处绝对不会留下任何的活口。不管是巴掌大小的青蛙，还是体型巨大的蟒蛇，只要行军蚁大军的足迹一过，只会剩下一堆阴森的白骨，甚至只需要几分钟，就可以吃掉一头重达半吨的水牛，没有人可以阻挡它们前进的步伐。”

本来对于菲尼克斯来说，他们有汽车，而且以汽车的速度，要在行军蚁到来之前逃掉并不困难。但是天有不测风云，由于过度的惊慌，越野车在一个急转弯处因为不慎，跌入了路边的深沟之中。向导诺马当场死亡，菲尼克斯也摔断了一条腿。他艰难地从侧翻的汽车中爬出，并知道行军蚁就在身后不远处，所以没有时间在这里呼叫救援。不过幸

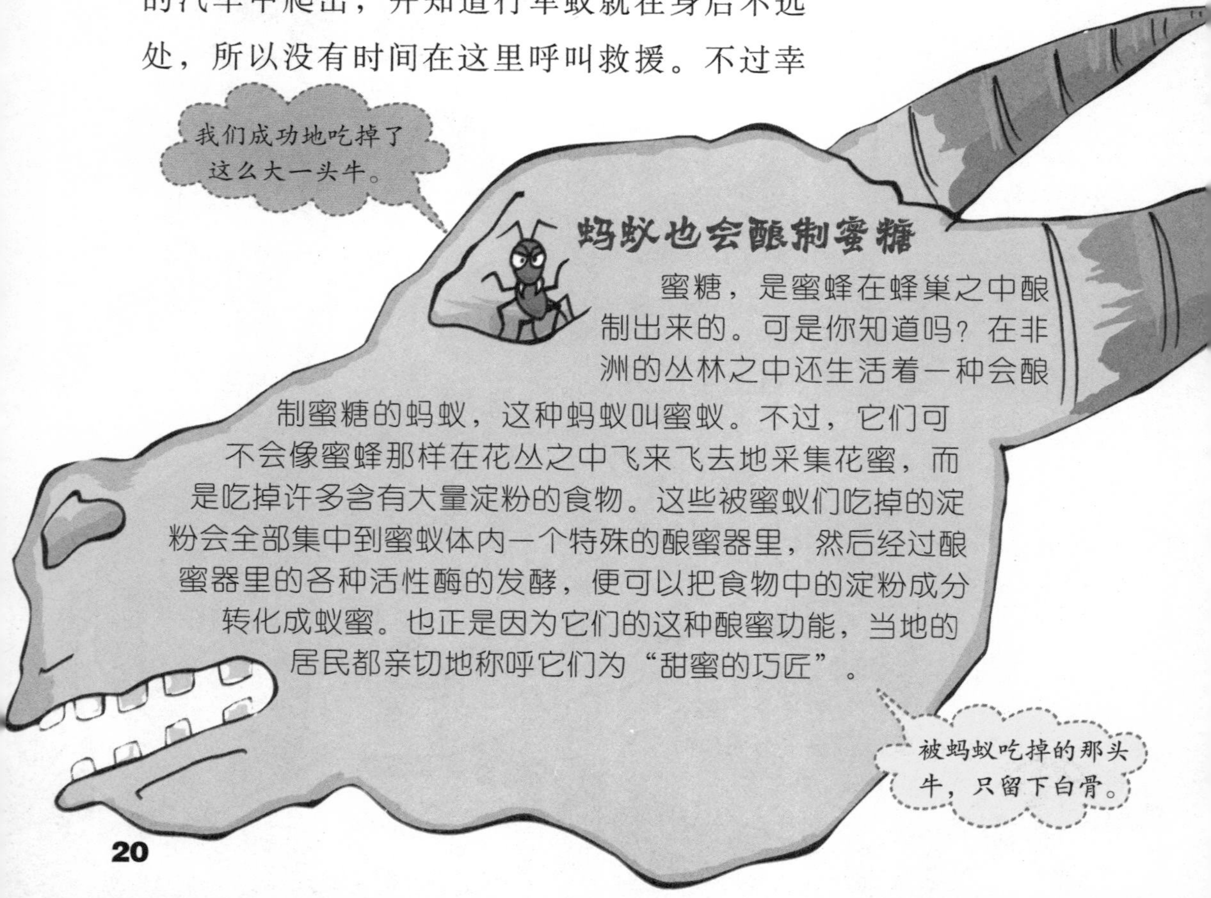

我们成功地吃掉了这么大一头牛。

## 蚂蚁也会酿制蜜糖

蜜糖，是蜜蜂在蜂巢之中酿制出来的。可是你知道吗？在非洲的丛林之中还生活着一种会酿制蜜糖的蚂蚁，这种蚂蚁叫蜜蚁。不过，它们可不会像蜜蜂那样在花丛之中飞来飞去地采集花蜜，而是吃掉许多含有大量淀粉的食物。这些被蜜蚁们吃掉的淀粉会全部集中到蜜蚁体内一个特殊的酿蜜器里，然后经过酿蜜器里的各种活性酶的发酵，便可以把食物中的淀粉成分转化成蚁蜜。也正是因为它们的这种酿蜜功能，当地的居民都亲切地称呼它们为“甜蜜的巧匠”。

被蚂蚁吃掉的那头牛，只留下白骨。

好，他知道前面不远处有一个被美国考察队废弃的小屋，也许在那里，他可以逃过一劫。

## 不惧死亡的行军蚁

菲尼克斯艰难地拄着一根树枝，在行军蚁到达之前进入了小屋。可就在他用胶带将门窗全部封死以后，就听到从四面八方传来了“沙沙”声。可以想象，无数的蚂蚁，密密麻麻地，就像一张厚厚的毯子一样覆盖了整个小屋。

菲尼克斯默默地祈祷着，不过似乎上帝并不在南美，因为不一会儿，就有许多蚂蚁从微小的缝隙中爬了进来。此时，菲尼克斯突然看到了有一个敞开的冰柜，冰柜里明明就有大量的面包和肉，可是却没有一只蚂蚁爬进去。他这才想起，蚂蚁并不是恒温动物，它需要依靠外界的热量来激发体内的组织器官的活性。而在热带雨林之中，气温常年保持在20℃以上，行军蚁并不用担心温度的问题。如果行军蚁爬到了冰柜里，就极有可能会由于身体温度过低而无法行动。想到这里，菲尼克斯急忙连滚带爬地钻进冰柜之中，直到两个小时以后，这些让人胆寒的褐色恶魔才无奈地离开这里。菲尼克斯逃过了这场劫难。

# 吃人的“恶魔之树”



通常，在人们的观念中，植物都是由根部吸收土壤里的无机盐和水，理应是“素食主义者”才对。可是，在赤道附近的热带雨林之中，却生活着这么一种植物，它可以消化肉食。

## 吞噬人和动物的恶魔树

卡尔是一位德国的探险家，他从小就十分憧憬苍茫的非洲丛林。于是，在他成年以后，就迫不及待地告别了家人，独自前往那片古老的大陆。他先后走过辽阔的撒哈拉大沙漠和非洲草原，最终来到了位于非洲东部的马达加斯加岛。马达加斯加岛原来是整个非洲大陆的一部分，后来由于地壳运动导致地面大裂缝，便使马达加斯加岛成为了独立于非洲大陆之外的一个岛屿，就像我国的台湾岛一样。不过马达加斯加岛因为脱离整个非洲大陆很久，所以形成了一套独特的生命体系。而在这里，卡尔凭借着出色的社交手段，很快便和当地的马尔加什人打成了一片。

一天，卡尔与一位马尔加什猎人阿萨结伴出行，去村庄周围的热带雨林里探险。突然他发现了一棵奇怪的树，它的整体形状看上去和榕树差不多，但是叶子特别大，卡尔相信，只要从那棵树上摘下3片叶子，就可以把一个人从头到脚包裹住。正当卡尔准备走上前去进行近距离观察时，却被阿萨一把拉住。卡尔疑惑不解，阿萨告诉他，那是一棵恶魔树。传说，它由于作恶多端，受到了神灵的谴责而变作树木。但是，这个恶魔并不甘心失败，它虽然变成了一棵树，仍然不断依靠吞噬周围经过的人或者动物来积累魔力，期望有一天能够恢复魔身。

## 拉瓦族用恶魔树执行死刑

卡尔是一位坚定的无神论者，对于阿萨这种荒谬的言论自然是不相信的，不过当他看到那树下堆积如山的累累白骨时，还是忍不住打了一个寒战。

就在这时，一阵阵喧嚣声从对面的树林中传了过来，卡尔能够听清，那是一群人的叫嚷声，不过对方喊的话语，他听不懂。可是当卡尔转头，准备询问阿萨的时候，却发现阿萨的脸色突然一变，不由分说地拉着他藏进了一片灌木丛中。藏好了之后，阿萨才告诉他，朝这边走来的是居住在北部丛林中的拉

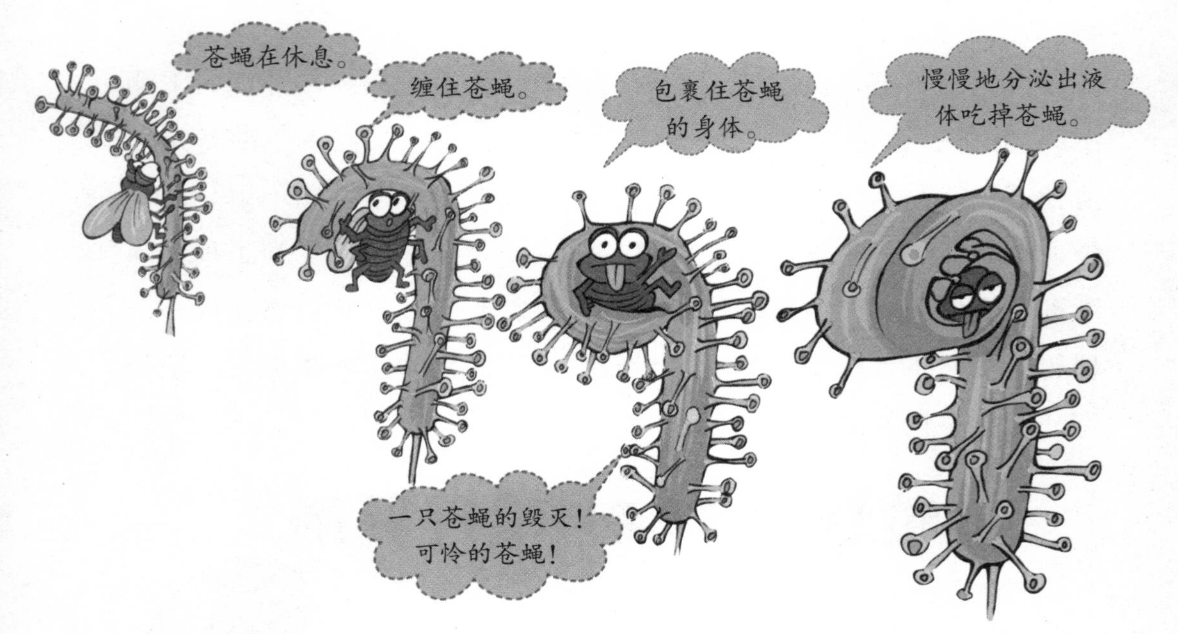


瓦族。拉瓦族人凶残暴戾，经常无故杀死外族人，臭名远播。

果然，才过了一会儿，就有一群身着奇装异服的人从树林中走了出来，随之一同走出的，还有一位被五花大绑的妇女。见到这一幕的阿萨悄悄告诉卡尔，这是拉瓦族在执行死刑，那位被绑住的妇女很有可能犯了族中的什么重要的戒律。

“他们打算怎么处死那个女人呢？”卡尔疑惑地问阿萨。

阿萨没有说话，而是用手指了指屹立在那里的恶魔树，卡尔这才恍然大悟，原来这些拉瓦族人是要用恶魔树来执行死刑啊！可是，那棵恶魔树真能杀人吗？

## 恶魔树用叶子消化人类

在高大的恶魔树前，拉瓦族人进行了必要的仪式后，就把那个妇女推到了恶魔树上。很快，恶魔树缓缓降下8片宽大的树叶，这让卡尔差点儿惊呼出声。因为在此之前，他还从来没有见到过本身能动的植物。随后，那8片宽大的树叶很快就将妇女完全包裹了起来。不过从卡尔所在的角度，他仍然能够透过树叶间的缝隙，看到里面的一些景象。

许多黏稠的液体从树叶中不断地分泌出来，全部倾泻到妇女的身上，而妇女的皮肤一旦沾上那种液体，就立即发出如同把灼热的铁块扔到冷水中一般的“滋滋”声。拥有一些医学常识的卡尔立即就判断出来，那棵树正在利用叶子分泌的黏稠液体进行消化。这个结论让卡尔相信，最多不会超过3天，这个妇女就会成为树下累累白骨中的一员了。

后来，卡尔经过长时间对恶魔树的研究发现，它很有可能是一种大型的食肉植物，与捕蝇草和猪笼草属于同一种类型。由于整个马达加斯加岛上才只有这么一株，因此卡尔认为它极有可能是捕蝇草受到了辐射或者是某种原因的干扰，发生了变异，才让本来还没有膝盖高的捕蝇草，长到了这么可怕的高度。因为个体长大了，也就需要更多的营养，所以就迫使它要消化更大的食物了。

### 西红柿竟然也是食肉植物

随着对大自然认识的不断深入，人们发现，其实植物并没有人们以前想象的那样美好。在植物世界中，也充满了血腥。比如生活在东南亚的猪笼草和捕蝇草，都进化出了专门的构造，用来杀死和消化昆虫。而经过科学家的进一步研究发现，原来人们饭桌上的西红柿，竟然也是一种食肉植物。在西红柿的藤蔓上长了一些带有粘性的茸毛，而西红柿正是用这种茸毛，来杀死和消化一些小型的昆虫。

世界上还有这么小的人啊！

# 对敌人恶毒诅咒的缩头术

不管是在我们国家还是在西方，都流传着一个关于小人国的传说：在东海之外的茫茫岛屿上，有一个叫周饶的小人国，那里的人都住在山洞中，身高大概只有1米左右。那么，小人国在现实中到底是否存在呢？也许，在南美的一次小人国探索，能为我们解答一二。

## 像狼一样潜伏在草丛之中的“小人们”

在南美洲绵延8900多千米的安第斯山脉中，曾经诞生过一个独具特色的印加文明，同

时伴随着这个古老文明的，还有一个十分神奇的传说。遥远的过去，曾出现过一个神秘的小人国，这个国家的人们虽然身材十分矮小，但是却健壮彪悍、凶狠好斗。他们能在悬崖峭壁上攀爬，也能在崎岖的山路上快速奔跑。他们常常埋伏在山坡的草丛和密林之中，身后背负着许多涂有烈性毒药的箭。对于南美洲的土著来说，用毒几乎可以说是一项生活本能。在这里，生活着一种身体很小，并且身上长满了非常显眼的斑点的青蛙。这种青蛙体内能分泌出一种烈性的生物碱，它可以有效地破坏生物体内的组织器官，进而造成人和动物的死亡。小人国的小人们就是把这种毒涂抹在箭上，用来射杀敌人。不过可惜的是，小人国所在的地方突然发生了一次剧烈的火山喷发。无尽的火山灰从地下被狠狠地甩上天空，遮住了天上的太阳，那可以将金子熔化的橘红色岩浆就像一条大河一般奔涌而出，以摧枯拉朽的势头直接覆盖了整个小人国所在的密林。从那以后，这个神奇的小人国就在地球上彻底地消失了。

## 缩头术诅咒敌人永不超生

小人国的故事，引起了挪威学者海雅达尔的浓厚兴趣。于是，他在1947年进入厄瓜多尔的雨林，并在这里发现了一个只有拳头那么大的头颅。当时他以为自己终于找到了小人国，然而可惜的是，附近的印第安人告诉他，这个拳头大小的头颅并不是小人国里的居民的，而是一种特殊的缩头术，是他们对外族仇人进行惩罚的恶毒诅咒。根据当地的传说，在很早以前，这个小人国的人杀死敌人以后，不仅要把尸体上的肉挖下来吃掉，还会把头颅砍下来，等到带回村落以后，他们会把头骨砸开，把里面的东西一块一块地抠出来扔掉，然后在掏空了的头骨里面灌满热沙，经过尿液的浸泡以后强行塞入被敲掉牙齿的公羊体内。一段时间以后把公羊杀掉，将头颅取出，用血液浸泡10天，再放在高处晾晒一个星期，交由族内的巫师下咒。如此便可以将仇人的灵魂禁锢在这个头颅之中，永世不得超生。实际上，所谓的缩头术，就是利用羊体内带有强烈腐蚀性的消化液，将头颅不断地腐蚀变软，羊的胃也会同时不停地从四面八方挤压头颅，等到一段时间后，就能把头颅缩小了。

## 身高只有48厘米的小人干尸

虽然小人国消失在火山喷发之中，而且小人国特有的缩头术也只是存在于印第安人的传说之中，但是却有海雅达尔和其他一些学者找到的许多实物为证，并且其中一些就被放在秘鲁国立人类学和考古学的博物馆里。不过，小人国可不是南美的专利。早在1934年的时候，美国内布拉斯加州的两个职员去落基山脉挖金矿，就无意间发现过一具小人干尸。经专家鉴定，它身高只有48厘米，骨骼与人类完全一致。经过专家的进一步研究发现，这很有可能是缩头术的升级版。也就是说，极有可能是古印第安人首先将死去的人的内脏全部从嘴巴里掏出来，再浸泡在一种温和的腐蚀溶液中，然后用油布纸不断挤压，最终就形成了人们所发现的干尸小人。不过，这个“小人世界”究竟是什么样的，恐怕还要等到科技更加发达的将来，科学家们才能为我们解答吧！

现在还有小人国哦！

## 非洲仍然存在的“小人国”——俾格米人

在非洲中部和亚洲、大洋洲的少数地方，生活着十分原始的俾格米人，他们世代居住在森林之中，过着与世隔绝的生活。他们的身材十分矮小，一般身高都在一米二三左右，就是其中最高的，也不超过一米四，而且身体十分匀称，并不是像那些患有侏儒症的病人一样。在这里，他们过着男人打猎，女人采集树根、野果的原始生活，对于他们来讲，根本没有数字和时间的概念，以至于连人们问他们几岁了都无法回答。

传说众多，神秘莫测

# 从沙漠中挖出来的瑰宝——楼兰

在我国新疆维吾尔自治区罗布泊西岸的一块荒凉大地上，散落着古城遗址、古墓葬群、木乃伊和古代的岩壁画等等众多充满神秘色彩的人类遗迹。你知道吗？在这个地方，还有一个享誉世界的遗址——楼兰。

## 找铁铲找出来的楼兰古城遗迹

1900年，瑞典的著名探险家赫定，由于受到西方狂热的探险浪潮的影响，来到中亚。他想在这里寻找那些已经消失在历史中的古老文明，于是带领探险队首先来到了已经干涸的孔雀河。在沙漠里有许多这样的无尾河。这里高温少雨，河流中的水分会很快地蒸发掉，或者是渗入到地下，因此不知道在什么地方会突然断流，就变成了有头无尾的河流。赫定的探险队沿着孔雀河干涸的河床不断行进着，一直来到下游的罗布荒原。就在他们准备穿越一片沙漠的时候，才发现探险队挖水用的铁铲不见了。大家都知道，在沙漠中没有水是寸步难行的。无奈之下，只好让向导回去找。赫定他们怎么也没有想到，当向导回来的时候，竟然带回几块木雕残片。赫定看到这些以后，眼睛突然瞪得大大的，就好像铜铃一样。他激动万分，兴奋得手舞足蹈。因为他知道，他即将揭开一个迷失在沙漠中的中亚古国的神秘面纱，而随后一年的挖掘也证实了这个想法。他发现的这个中亚古国，就是楼兰。

## 不要在胡杨树下过夜

当瑞典探险家赫定带着从楼兰遗址中发现的大量文物回到欧洲时，引起了整个欧洲的巨大轰动。于是，被利欲熏心的西方列强们纷纷动身前往楼兰，开始对那些历史遗留的瑰宝进行大肆地掠夺。日本我十分的饿!

人大谷光瑞，就是这些人中的一员。其实早在1902年，大谷光瑞就来过楼兰，那个时候知道这个地方的人还很少，因此大谷光瑞在对塔里木盆地进行了细致的调查后，就在克孜尔千佛洞盗割了一部分壁画，运回了日本。而到了1908年，当大谷光瑞又一次派遣橘瑞超和野村荣三郎到达新疆的时候却惊呆了。因为这个时候，楼兰遗址的消息几乎传遍了整个欧洲，包括英、法、德、俄等国。西方列强接踵而来，让整个楼兰遗址几乎成了强盗们的集散地。大谷光瑞冷冷地看着在胡杨林下宿营的强盗们，而自己却走向了一个沙丘的背风处。有着丰富沙漠经验的大谷光瑞知道，在沙漠植物下宿营，绝对是一种自杀的行为。那是因为在胡杨树等植物的根部，生活着一些诸如蝎子和蚰蜒一样的有毒昆虫。如果这些带着致命毒素的小家伙半夜爬出沙子，只要在人身上咬一口，人就会死掉。大谷光瑞就有幸见到过这么一个冒冒失失在胡杨树下过夜的人，等到第二天被发现的时候，皮肉已经烂得发黑了，眼睛、鼻子、嘴巴和耳朵里都还在往外淌着黑红色的血液。

## “李柏文书”记录了中国的西域历史

1909年2月，也就是大谷光瑞派遣的楼兰探险队深入沙漠里的第二个年头，在日本人橘瑞超的率领下，探险队经由库尔勒进入罗布泊地区，然后直奔楼兰。这是在中国探险的一年多时间里，橘瑞超结合当地的地理情况，再参考了瑞典人赫定给出的指引信息，得出的最佳行进路线。按照这条路线行进，他们有效地避过了那些为了争夺楼兰宝物，正在如火如荼地进行着无谓打斗的西方列强，来到了另外一片古城废墟。

这一次，橘瑞超等人来到的地方，位于楼兰古城西南方向大约48千米处，这里集中了许多已经坍塌破败的土楼。不过由于西方列强在楼兰那里已经杀红了眼睛，所以对西南方的这片“荒漠”没有任何兴趣。可当时谁也没有想到，就这样一片不被人看好的地方，却让日本人大谷光瑞举世闻名，因为就在这里，他发现了拥有无法想象的艺术、历史以及收藏价值的，记录1600年前历史的“李柏文书”。

### 楼兰古城在连绵的战争中消失了

楼兰在历史上一度成为丝绸之路的一个重要枢纽。现在，不管是从它的遗址建筑，以及从20世纪初的那场列强抢夺战中残存下来的壁画上，还是从史料记载上，我们都可以看出这个曾经古国的繁荣昌盛。可是后来它却神秘消失了。可信度较高的说法是在我国历史上政局最为混乱的东晋十六国时期，北方的许多民族自立为藩，而楼兰在当时又是兵家要地，于是，长期频繁的战争、掠夺性的洗劫，就使得楼兰的植被与交通商贸的地位遭受到了毁灭性的破坏。生活在其中的人民苦不堪言，纷纷外迁。就这样，一个昌盛一时的国家就变成了今天满目疮痍，一片荒凉的凄惨景象。

毛骨悚然，可怕至极

# 使人离奇死亡的法老诅咒

图坦卡蒙是古埃及新王国时期第十八王朝的法老，也就是那个时候埃及的国王。虽然图坦卡蒙在埃及历史上并不是功勋最为卓越的法老，但是在今天，却是世界最为闻名的法老。原因就是他那让人谈之色变的诅咒。

## 英国勋爵被蚊子咬过以后就一命呜呼了

1922年，英国的考古学家卡特终于在埃及的帝王谷挖到了他梦寐以求的埃及法老图坦卡蒙的陵墓。于是，异常高兴的他将这个消息带回伦敦，并告诉了他的赞助人卡纳冯勋爵。紧接着，卡特和卡纳冯两个人就一起向埃及帝王谷出发了，一同前往的还有二十几个人。他们根据卡特提供的路线来到了图坦卡蒙的陵墓之中，在这里，他们发现了金子做成的面罩，以及价值不菲的珠宝。可就在这个时候，一只蚊子突然停在卡纳冯勋爵的脸颊上，本来这应该是一个谁也不会在意的微小细节，当时没什么感觉，怪就怪在

卡纳冯勋爵回到开罗之后，被蚊子咬到的地方奇痒无比，并肿起了一个很大的包，这个包在他一次刮胡子的时候被碰破了。于是，卡纳冯勋爵就发起了高烧，一病不起。最终，葬送了性命。其实，对于卡纳冯勋爵的突然离世，考古队的所有人并没有想得太多。然而谁也没有想到的是，这个才刚刚死去的卡纳冯勋爵竟然神奇地抢占了远在伦敦的各大报纸的头版头条，内容无他，都是埃及法老的诅咒。而倒霉的卡纳冯勋爵，则是因为挖掘法老的陵墓，成为了受诅咒的第一位殉难者。

## 由于打扰了法老的安宁，被死神垂临的21个人

“谁打扰了法老的安宁，死亡之神的翅膀就会垂临在他的头上！”这便是法老的诅咒。在当时，卡特和卡纳冯勋爵都认为这是无稽之谈。可是，后来事情的发展，似乎是在冥冥之中，与法

老的这句诅咒产生了某种不言自明的巧合。

首先，根据检验图坦卡蒙木乃伊的医生的报告，他在图坦卡蒙的脸颊上也发现过这么一个疤痕，而且竟然和卡纳冯勋爵脸颊上被蚊子叮咬的地方，位置完全相同。不仅如此，当年随队的还有另一位考古学家莫瑟。他负责推倒墓内的一堵墙壁，从而找到图坦卡蒙的木乃伊。可是不久之后，他就患上一种神经错乱的怪病，痛苦地死去了。后来，在短短的10年间，曾经进入过图坦卡蒙陵墓内的人中，就有21人相继死于非命。其中最为蹊跷的，就要数卡特秘书的父亲了。卡特秘书的父亲也是一位生活富足的勋爵，但是却在某一天突然自杀了，而且还留下一张纸条。根据上面潦草的字迹，大家得知他是因为再也忍受不了这个世界带给他的恐惧，而决定为自己寻找一条出路。事后，人们在他的卧室内找到了一只从图坦卡蒙陵墓中取出的花瓶。

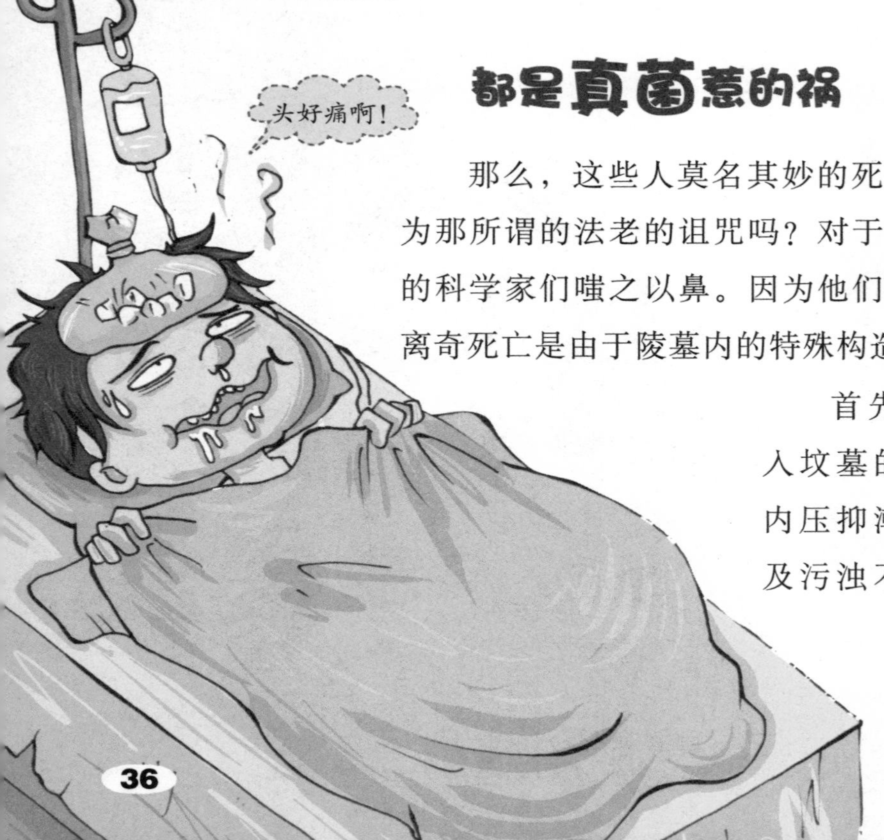

## 都是真菌惹的祸



那么，这些人莫名其妙的死亡，难道真是因为那所谓的法老的诅咒吗？对于这种说法，现代的科学家们嗤之以鼻。因为他们更相信这些人的离奇死亡是由于陵墓内的特殊构造引起的。

首先，对于那些进入坟墓的人来说，陵墓内压抑潮湿的环境，以及污浊不堪的空气，可能造成了他们的神经上的某种伤害，进而让他们产生幻觉，直至死亡；另外，对于卡纳冯勋爵以及其他因病死亡的人来说，一条当时图坦卡蒙陵墓的挖掘记录，也许能够更好地说明一切：在陵墓内的墙壁上和各个阴暗潮湿的角落里，有许多黑乎乎的、一团一团的奇怪东西。后来科学家们通过研究发现，这些成团的奇怪东西是一种由许多真菌聚合在一起形成的菌落。这些真菌在几千年前随着图坦卡蒙法老的下葬就存在于陵墓之中了，靠着木乃伊和其他一些有机物为生。一旦陵墓被打开，这些真菌就会随着空气的流动进入到人的肺部，进而引起肺出血等各种过敏反应，并且还会释放出一些有毒物质，对人体造成极大的伤害。而现在，由于科学知识的不断提高，人在下去法老陵墓的时候穿上了防护服，那些法老的诅咒便不再灵验了。

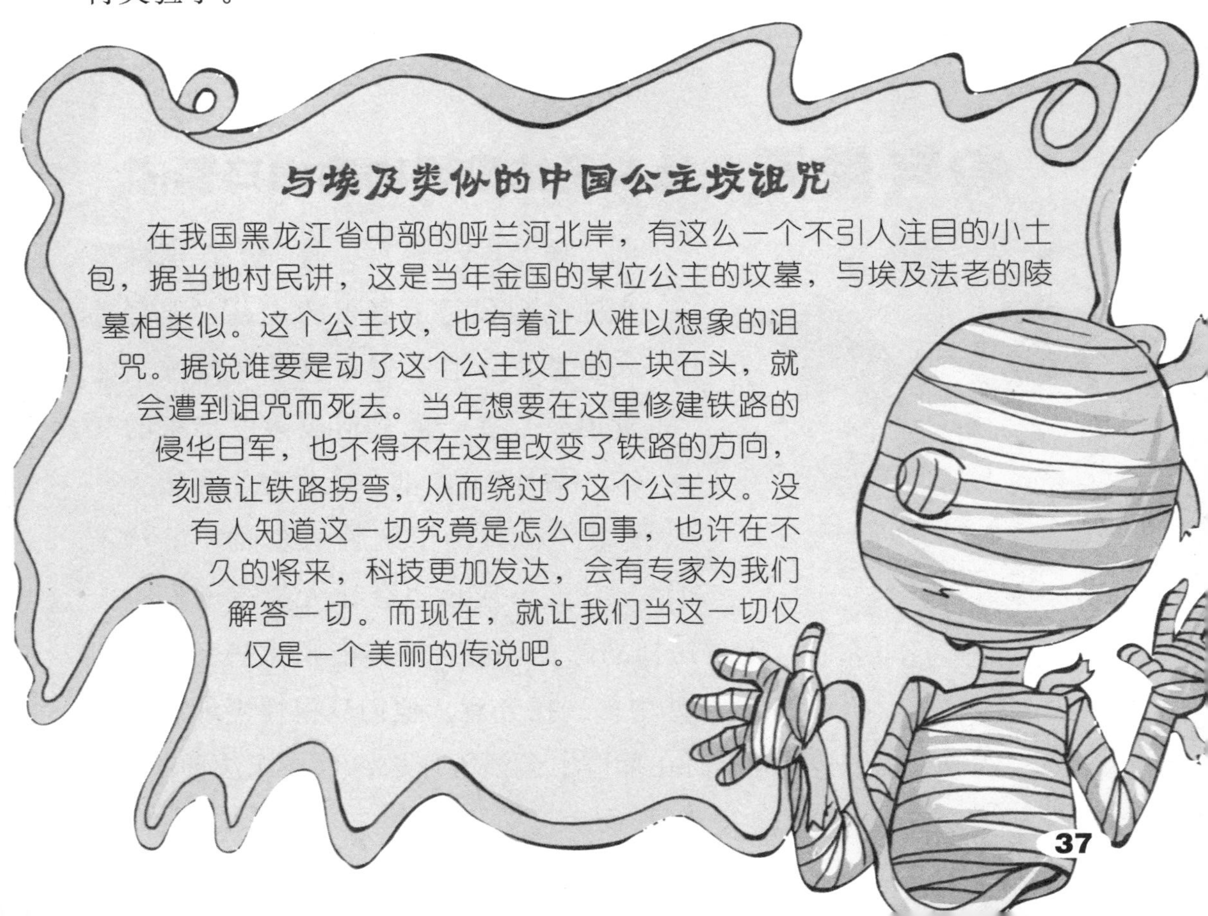

### 与埃及类似的中国公主坟诅咒

在我国黑龙江省中部的呼兰河北岸，有这么一个不引人注目的小土包，据当地村民讲，这是当年金国的某位公主的坟墓，与埃及法老的陵墓相类似。这个公主坟，也有着让人难以想象的诅咒。据说谁要是动了这个公主坟上的一块石头，就会遭到诅咒而死去。当年想要在这里修建铁路的侵华日军，也不得不在这里改变了铁路的方向，刻意让铁路拐弯，从而绕过了这个公主坟。没有人知道这一切究竟是怎么回事，也许在不久的将来，科技更加发达，会有专家为我们解答一切。而现在，就让我们当这一切仅仅是一个美丽的传说吧。

# 恐怖到令人虚脱的坟墓

提起坟墓，很多人都会想到墓中那美丽的壁画。如果墓主人很有地位，还会有更多的殉葬品。想起来是不是很诱人？你会不会和考古学家一样，有一种想深入坟墓一探究竟的冲动？就算要考察的地方杂草丛生，还有吐着红信子的毒蛇等可怕的动物，都阻止不了你前进的脚步？

## 臭气熏天，让人无法忍受的古埃及墓道

埃及KV5号墓，是一个连通酸臭水池的现代管道横贯的坟墓。要想进入坟墓，就必须通过这些臭气熏天的管道。只要一闻管道里散发出来的气味，估计3天内都会让你闻不到饭香。

坟墓中一直渗出肮脏的东西，虽然不知道是什么，应该也会让人觉得不安吧！

不过这样的恶臭环境，并不能阻止热爱考古的专家到坟墓中去一探究竟。他们只得慢慢地爬过这一段管道，而在墓道中会经历什么，真是无法预测。

哈哈，吓死你！

考古学家弯着身子艰难地爬行着，可能是因为古墓的年代太久远，背包不时与管道发出“咔咔”摩擦的声音，“我的天啊，墓顶不会是要塌了吧？为什么总有种地动山摇的感觉呢？”虽然还没有见过墓中的景象，可是心里依然矛盾着要不要坚持下去。

墓室里填满了被洪水冲来的鹅卵石，在这里如果想要做什么，对于一个孩子来说或许还不算困难，可是作为一个大人，除非不动，就算爬久了想舒展一下筋骨都是一种奢侈的想法。水管还在不断地泄漏着，身边的恶臭味一直散不去，或许是习惯了，就算鼻子里不塞东西，也没有想呕吐的感觉了。

## 不要小瞧体积小的动物

想顺利通过管道还真是不容易的事情，只觉得身边的味道又浓烈了，十分熏人。鼻涕和眼泪已经不受控制地流下来，渐渐地开始感觉头昏脑涨，快要不能思考了。“咦，这是怎么回事？腿下怎么总有小石子？哎呀，手上沾了什么东西？湿湿的、黏糊糊的。”因为管道太暗，

只能拿到眼前一看究竟。天啊！这是什么东西的粪便，已经粘得满手都是，再看看腿上，看来全身都逃不了这样的命运了。这时，旁边有只蝙蝠在冷眼观看着，墓道里仅有的光打在那锃亮的牙上，这不会是只吸血蝙蝠吧？它静静地仿佛在看一场好戏，原来这所谓的“地面”竟然是层厚厚的蝙蝠大便。墓室不是封闭的吗？蝙蝠怎么会出现？看样子已经在这里生活很久了。因为墓室没有光，而蝙蝠喜欢夜间行动，这样对它捕食更有帮助。虽然体积不大，要是被它攻击，吸血事小，传染上了其他疾病可是不合算的，所以还是快点儿远离这个可怕的蝙蝠吧！

考古学家继续前行着，已经到了这个地步，再遇到可怕的事也阻挡不了前进的决心。可是人的体力是有限的，总不能永远精力充沛。实在累了就躺下来歇一下吧！为什么总感觉耳边有声音，好像有很多爪子在周围爬动。轻轻转过身一看，这不是蝎子吗？不过它的身体还真是不大，如果想要捏死它，应该不是个难事儿。不过也许还没等碰到它，就得被它那带有剧毒的尾刺刺到。而它的毒液会随着血液循环，进入到身体的各个部分，使人迅速被麻痹而动弹不得。估计什么都不用做，就直接去找圣母玛利亚了。真是不能小瞧这些体积小的动物啊！

## 能够吃苦耐劳的考古学家

闷闷的墓室里并不通风，实在是太热了，热得让人喘不过气来。考古学家皮特里身上都被汗水浸湿了，整个人就像水煮的小虾——被闷得红红的，脸上的汗水就像小溪一样一点点滴落……

墓室里填满了泥浆和污水，皮特里在泥浆中艰难地挖掘着。如果想在这样的环境中发现什么，那可真需要很长的时间。看看墓室的环境：从地下管道中流出的污水盖住了整个地面，空气中混合着潮湿又臭烘烘的气味，一些不知身份的死人骨骸漂浮在周围。如果工具掉在污水里，说不定捡起的是一个看似暗白的骨头。或许对这墓室感兴趣的人并不占少数，他们因此而丢性命也就不觉得意外了。虽然在不断的工作中能够发现多年前的珠宝和很多历史悠久的文物，可是这样的考古工作对生命安全根本没有保证。有一个挖掘工人在一条壕沟中吸烟，原本起固定作用的大石头突然掉下来，“嘭”的一声，就砸在他的脑袋上。你能想象一个人脑浆迸裂的样子吗？圆圆的脑袋变得像饼一样扁。确实，他被砸死了。

墓室里总是危机四伏，随时都会有灭顶之灾。可是无论多么艰难，都阻挡不了考古学家进行考察。结果对他们虽然重要，但是艰苦的过程也是他们所享受的。

### 法老宠妃的归所——纳菲尔塔莉墓

拉美西斯二世是古埃及最著名的法老，他是伟大的领袖和杰出的建筑家，而纳菲尔塔莉就是他的妻子。在王后中，最壮观的坟墓就属她的了。1904年，意大利考古学家埃尔内斯托·斯基亚帕雷利发现了她的坟墓，但她的木乃伊和随葬品均被盗。尽管如此，在坟墓的墓壁上还是保留了大部分的壁画。这些壁画形象地反映了埃及人的一种想法，就是相信死后能过上富饶、繁华的天堂生活。

哇，真神奇啊！

# 危机四伏的秦朝陵墓

你见过78座故宫那么大的陵墓吗？陵墓里有着璀璨的日月星辰，流动的江河湖海，以及石刻的巨幅中国地图。地底下巨大的宫殿四周，分布着无数陶制的兵车战马。它们大小与实物相当，并且会对进入其中的盗墓者发射暗器。此外，陵墓里弥漫着很多有毒气体，足够让入室盗宝的人有去无回。想知道地下陵墓里都有哪些黄金宝藏和毒虫猛兽吗？让我们去探个究竟吧。

## 密如渔网的机关

地下皇陵里有各种奇珍异宝，都是帝王的陪葬品，价值连城。据说，帝王的棺材里有陪葬的金缕玉衣，这件金缕玉衣由无数的金丝和成千上万片各自独立的小块翡翠缝制而成，华丽气派、不会腐烂，即使保存上万年也能完好如初。不过在得到金缕玉衣之前，盗墓贼得闯过墓道里危险重重的机关。机关通常被安装在墓道狭窄的地方，如果有盗墓者敢擅自闯入，这些隐蔽的强弩就会万箭齐发。因为地方狭窄，转身困难，所以盗墓者无处逃避，只能被乱箭活活射死。有些暗弩的射程可达800米，张力超过700斤。如此大力的射击，即使体格健壮的牛，也能被穿膛。如果侥幸中箭未死，箭头上的毒就会在人体内扩散，最后还是难逃死亡的噩运。

除了强弩之外，墓室里还设有各种陷阱，包括墓道天花板上的悬剑和地砖下的连环翻板。人们行走在墓室过道中，如果不小心触发机关，用细绳悬空的剑、石头、飞刀等杂物就会迅速坠落，如瞬间撒下的大网，将闯入者捕杀。另外，最危险的机关还有连环翻板。它通常是由地面向下深挖3米，埋上钢锥尖刺，悬空铺上木板，下面用类似天秤的滑轮支撑，木板上铺上地砖泥土。当行人经过时，木板在滑轮的带动下翻转，人随之落入坑中，被钢锥刺穿脏腑。暗弩、连环翻板、铁索吊石是秦陵墓里最常见的3种机关，它们如渔网般分布在陵墓中，盗墓贼们想轻易避开几乎不可能。

## 陵墓中的隐形杀手

秦陵墓室顶部镶嵌着日月星辰，地面有用水银灌输的百川及江河湖海，俨然一幅当时的疆域图。这些流动在疆域图中的水银代表着江河，它们数量多得惊人，至少有100吨。如果盗墓贼进入这里，可能几分钟前还在为眼前美景惊叹不已，几分钟后就昏迷不醒，七窍流血身亡。他们不是惊讶过度而死的，也不是被吓死的，古代的人们认为，这些盗墓贼是触犯帝王后，被亡魂诅咒而死。那么，陵墓中真有守卫帝王的灵魂吗？这些无形的杀手究竟是谁？

科学家发现，常温下液态的水银极容易挥发变成蒸气，而汞蒸气密度大，属有毒物质。人吸入含有汞蒸气的空气后，就会中毒身亡。由于它们无色无味，弥漫在整个空气中，只要进入陵墓区域，就进入了它们笼罩的范围。于是，盗墓贼们就在惊叹着陵墓宝藏的同时，慢慢死去。

## 爆炸的铅棺

闯过重重机关之后，盗墓贼们终于能看见帝王气派的棺椁。然而，想要打开它并非易事，因为它们可是由厚厚的铅板做成。棺材板非常重，两个人就想轻易橇开简直是痴人说梦。曾有聪明的盗墓贼设想用弹药炸开它，结果铅棺没炸动，倒是炸动了墓室的墙壁，整个地下坟墓坍塌下来，把他们埋葬在其中，成为墓室主人的第二批陪葬者。也有盗墓贼们采用最先进的设备，历尽千辛万苦终于橇动铅制棺材板，他们眼巴巴地期盼历史时刻的到来。可是在轻轻推动棺材板的刹那，“砰”的一声，空气发生猛烈的爆炸，把他们炸得仰面朝天，分尸四野。

棺材为什么会自己爆炸呢？原来在古代，贵族都用铅棺存放尸体，它具有非常好的密封性，即使过去几千年，尸体化成灰尘和气体，依然能完好地保存在其中。当棺材被打开时，这些气体逃逸出来，与空气混合就会产生猛烈的爆炸。

地下陵墓中还有各种千奇百怪、令人意想不到的机关，它们千百年埋葬过无数的盗墓者。不过尽管危险重重，依然阻挡不了盗墓人到墓中一探的脚步。

## 秦陵中的水银从哪来的

2003年，中国科考队利用地球物理勘察技术，初步统计秦陵中的水银数量至少不下100吨。水银是稀有的液态金属，即使在今天，这也是个令人瞠目的数字。那么如此多的水银最初是谁提供的呢？历史学家们认为，它是由秦朝巴郡地区的女寡妇提供的，她是巫山（即神话中的灵山）等级最高的女巫，拥有整个地区的水银矿石——丹砂，成为当时的巨富。古人认为水银是“不死之水”，秦始皇曾邀请她前去咸阳研究长生之术，并要求在自己的陵墓中灌上水银，以此求永生。

哇，真神奇啊！

# 既恐怖又神秘的玛雅文明

在人类发展的历史上，曾经诞生过许许多多不同的文明，这些文明就像是一颗颗璀璨夺目的明珠一般散落在世界各地。而在美洲茂密的热带雨林之中，就掩藏着这么一个让人惊叹不已的玛雅文明。

## 隐藏在热带雨林中的远古遗迹

1839年的中美洲，一片战火喧嚣，很多国家都在进行着大规模的内战。就是在这样的情况下，一位名叫斯蒂芬斯的美国律师和一位名叫卡塞伍德的英国画家，悄然

来到了这片硝烟滚滚的大陆。一天，当这两位旅行家在当地印第安人的带领下，举步维艰地穿行在热带雨林之中时，突然不远处的一个高达4米的石头立柱闯入了他们的视野。这让他们不禁精神一振，那就是自己在丛林之中苦苦寻找的玛雅遗迹。而且，随着进一步的挖掘，他们发现了一块又一块的石碑。在这些石碑上，雕刻着密密麻麻的浮雕，有衣着奇异、表情凶狠的人物造型，也有仿佛绘画一样的象形文字。斯蒂芬斯看到这些石碑后兴奋得手舞足蹈，因为他终于找到了被雨林深深掩埋着的玛雅文明。玛雅文明似乎从天而降，在破译的玛雅文字中，人们发现了玛雅人记述的9000万年前到4亿年前的事情。可谁都知道，那个时候地球上根本就没有人类，因此，很多人都认为向世界介绍玛雅文明是“魔鬼”干的活。

## 用活人祭祀的玛雅人

虽然斯蒂芬斯和卡塞伍德早在1839年就发现了玛雅文明，但是由于当时人们的知识有限，根本无法破译玛雅人的象形文字。因此在很长的一段时间内，人们都无法确切地了解这个远古的文明。直到第二次世界大战以后，美国和苏联纷纷投入大量人力物力，并动用当时最先进的计算机，这才一点一点地将这个远古的文明逐渐展现在众人眼前。不过也正是因为他们逐渐了解了玛雅文化，才深深地被玛雅人的那种血腥所震惊。

在大型的玛雅遗迹中，人们常常能看到一口用来屠杀活人，以祭祀神灵的“圣井”。考古学家们甚至可以穿越千年，在脑中

描绘着那个血腥无比的场面：在一个盛大的祭祀场景中，那些自称神灵仆人的祭司们用鲜血将自己涂得乱七八糟，并围在圣井的旁边手舞足蹈，口中还振振有词地念叨着咒语。随后，他们念完了咒语，猛然一挥手，那些强壮的玛雅士兵就会狠狠地将一个个鲜活的生命推入井中。这些人之中有妇女也有小孩，更有青壮年的奴隶。当这些人被井中的尖矛利刃切割得血肉模糊，内脏混合着鲜血染红了井水的时候，这些玛雅人相信自己的未来会受到神灵保佑而风调雨顺，一切平安。

## 被剁成碎块的玛雅国王

关于玛雅人的灭亡，史学界一直争论不休，不过最近发现的一个杀人坑，也许能从一个侧面反映出玛雅灭亡的部分原因。

2005年，一支由考古学家和人类专家联合组成的国际科考队对一个玛雅遗迹进行了挖掘，并在一个1200年前的大坑内发现了50多具被残忍分尸的人类骸骨。毫无疑问，这里曾是一个用于活人祭祀的祭祀坑。但是让科学家没有想到的是，在这些骸骨中，他们竟然发现了一具国王的

骸骨。在1200年前，当这位可怜的国王在自己的王宫内处理政务的时候，突然，从远处传来了阵阵如同闷雷一般的马蹄声，滚滚的烟尘冲上蓝天，一群另一个玛雅王国的士兵狠狠地冲杀了过来，并打败了这个王国的军队。随后，那些士兵们挥舞着利斧和长矛，将连同国王在内的50多位王宫贵族全部杀害。不仅如此，这群残忍的刽子手，还把这些尸体剁成了无数块，最后才心满意足地将残肢扔进了祭祀坑，并把其他人当成奴隶，高傲地带了回去。

考古学家们相信，正是1200年前各个玛雅王国间的大混战和随意的血腥屠杀，才最终造成了一个璀璨文明的覆灭。

神奇的玛雅神庙！

## 现代的宇航员竟然出现在玛雅人的浮雕上

20世纪的50年代，一位墨西哥籍的考古学家在一座玛雅神庙内考察的时候，突然惊讶地发现了一个带有奇怪头饰的青年浮雕。他随即对其进行了极为细致的观察，最后惊讶地发现，这个浮雕上的年轻人竟然与我们现在的宇航员十分相似。身上的穿着打扮不仅与当时的玛雅人截然不同，而且更像宇航服。更重要的是，在这个青年的背后，还有一个类似火箭喷射器的推进装置，而且那个火箭喷射器还向后不断喷射出熊熊的火焰。那么，在几千年前，玛雅人是怎么知道有火箭这种东西的呢？难不成真是外星人的杰作吗？这个问题，只有等到科技更加发达的未来，我们才能够得到答案。

人烟稀少，危险不断

# 100天穿越撒哈拉沙漠的中国第一人

自从公元前430年左右，“撒哈拉”这个词语第一次出现在人类的文字记载当中时，那里就一直是一片人烟稀少的大沙漠。然而，就在2001年，我国新疆环境保护科学研究所的研究员袁国映，却再一次向这片生命的禁区发起了挑战，成为了中国穿越撒哈拉沙漠的第一人。

## 旅程刚开始就遇上的巨大沙暴

就在2001年10月21日这一天，袁国映的“中英撒哈拉沙漠环境科学考察队”正式开始他们的穿越撒哈拉之旅，他们计划要在3个多月的时间里，沿着一条已经废弃的千年古驼道，行进2300多千米，穿越撒哈拉大沙漠，最终到达利比亚的南部城市米兹达。在这次穿越的途中，他们将由南向北地依次穿越稀树草原、干草原、半荒漠草原和真正的荒漠。没有想到的是，就在开始穿越的时候，一场大沙暴给了他们迎头一棒。沙暴是很强劲的风将地面的沙土全部卷积起来，让空气变得异常浑浊的现象。其实在沙漠之中，沙暴十分正常。当沙暴来临之时，袁国映他们清晰地听到了来自大自然的狂暴呼号之声，看到了扬起漫天的黄沙，

无情地吞噬着大漠中的一切。仅仅几个小时之内，一切的交通都将中断。当沙暴好不容易过去以后，再回头看看曾经的村庄，惊讶地发现，这里好像是刚从沙堆里被挖出来一般，不管是街巷、广场还是房舍之上，都盖满了厚厚的沙土。

哈哈，你们热吧？

## 沙丘在风的吹拂下像滚雪球一样地移动

随着时间的流逝，袁国映一行人很快穿过了半荒漠和荒漠化的草原，开始真正进入到沙漠地带。这时，他们看到了沙漠之中的特有奇观——会移动的沙丘。

沙丘会移动，乍一听似乎很不可思议。远远看过去固定在地面上的沙丘好端端的，怎么会移动呢？其实，沙丘的流动在沙漠地区是一种十分正常的现象。由于地表植被的稀少，极小的沙粒根本无法固定在沙丘之上。于是，在风不断地吹拂下，沙丘外层的沙粒就会像滚雪球一样不断向着沙丘的背风坡处移动，如此一来，从远处看去，就好像是

沙丘在不断地移动。其实，这也是沙漠里那起伏不定的沙海形成的主要原因之一。因为沙漠里的大风常常将大量的风沙吹成一堆，但是细小的沙子又不稳定，总是会向下滑落，就形成了一道一道好像海浪一样的波痕，沙海之名由此得来。而就是在这样的沙海之中，袁国映一行人整整行进了两个月，终于在2002年的2月1日到达米兹达。因为古驼道的破坏，他们只能乘车到达最终的目的地，至此，整整耗时100天、行程2300千米的撒哈拉之旅，才算是正式落下帷幕。

## 破坏植被，加剧土地荒漠化的死循环

在这次漫长的撒哈拉沙漠旅行之中，让袁国映最震撼的，要属撒哈拉沙漠本身。通过对撒哈拉沙漠的研究，他发现，距今约7000年前，撒哈拉曾是一片丰腴的沃土，众多的动植物在这里繁殖生长。那时的撒哈拉人民在这里创造了发达的畜牧业。但是到了后来，由于地球的气候变化，这里的降雨量变得越来越少，水分的蒸发量反而变得越来越

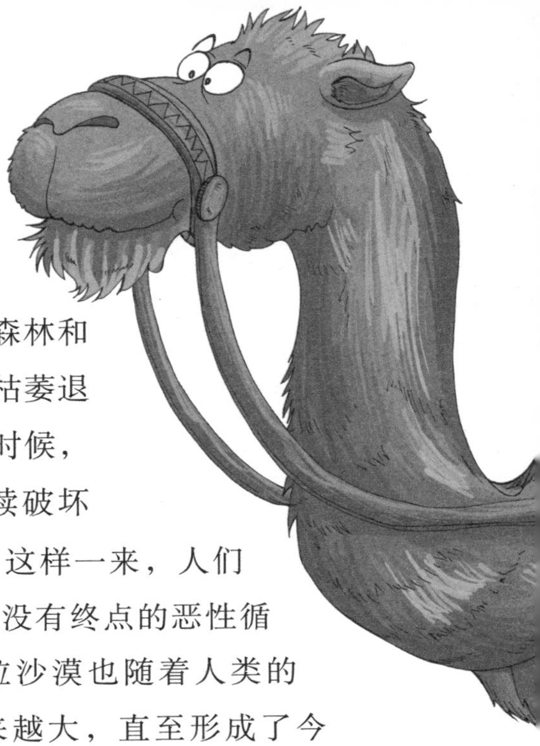

大，于是江河日益干涸，这里的森林和草原就这样逐渐演化成为了大沙漠。当然，撒哈拉地区的这种变化也与非洲早期的刀耕火种、肆意毁坏森林和践踏植被的行为不无关系。随着植被的枯萎退化，致使水分的流失更加严重，而这个时候，人们又会迁徙到另外一个地方，去继续破坏那里的植被环境。这样一来，人们就陷入了一个永远没有终点的恶性循环。同时，撒哈拉沙漠也随着人类的循环，而变得越来越大，直至形成了今天我们见到的这个样子。

## 其实在沙漠之中是有水存在的

说起沙漠，很多人的脑海中总是会浮现出一片黄沙漫天、干旱得冒烟的不毛之地。其实，这是不了解沙漠的人对沙漠的误解，对于常年生活在沙漠里的人来讲并非如此。就拿在沙漠中最重要的水源来说吧，很多人都认为在沙漠之中没有水分的存在。当然，在大部分的地方，是这样的。但是如果有机会从高空中俯视整片沙漠的话，就会惊讶地发现许多绿洲，就好像是繁星一样，零零散散地点缀在沙漠之中。不仅是绿洲，而且在许多看上去被黄沙覆盖的地方，其实只要你愿意花费力气挖两铲子的话，就能够获得清澈的地下水。不过，要寻找这种地下水源，必须有骆驼的帮助才行，因为人的鼻子可没它的那么灵敏——可以透过黄沙，闻到地下水的气味。

啊，好可怕的石头！

# 让人痛苦死亡的杀人石

马里，是非洲西部的一个内陆国家，地处撒哈拉沙漠以南，较为贫困。就是这样一个并不起眼的国家，却在20世纪的60年代，因为一块儿能够杀人的奇怪石头名扬海外。

## 从山谷之中冉冉升起的神秘光晕

耶名山是马里境内的一座普通山丘，在山上有一片茂密的大森林，各种巨蟒、鳄鱼和狮子、老虎等猛兽，都以此当作自己嬉戏的乐园。但是就在1967年的春天，一场强烈的地震引来了四面八方的关注。震后，当人们远远地朝耶名山的东麓望去时，总能看到一种飘忽不定的光晕，尤其是到了雷雨天，更是炫丽万分。据当地人说，在那里埋藏着历代酋长的无数珍宝，而那些神秘的光晕，就是从震裂的地缝中透露出来的珠光宝气。起初，人们认为那是阳光在空气中的折射所造成的色彩分布。由于将阳光中的各种色彩折射了出去，就形成了五颜六色的光芒，就好像彩虹一样。不过，那些光线到底是怎么来的，没有人知道。马里政府为了调查出真相，就派出了一个8人的探险队前去调查。幸运的是，探险队才到那里，就赶上了一场暴雨，紧接着，那些斑斓的色彩就交相辉映地显现出来，让所有人惊叹不已。雷雨刚停，这些人不顾道路的泥泞不堪，马上朝着耶名山东麓出发了。

## 色彩艳丽的半透明巨石

经过长时间的行走，探险队到达了耶名山东麓的山野之上。在这里，他们发现了许多死人，这些死人身体怪异地扭曲着，表情痛苦，就好像是正在遭受酷刑的犯人一般。从尸体的检查上来看，他们已经死了很长一段时间，很有可能是那些不听劝告，想要偷偷进山寻宝的探险者，但是他们为什么会莫名其妙地死

去呢？更加令人奇怪的是，在如此炎热又潮湿的地方，这些尸体竟然没有一具腐烂的。

于是，探险队员们开始四处搜寻线索。功夫不负有心人！其中一名队员很快发现了一道从地缝之中绽放出来的炫丽光芒，所有人不禁精神为之一振，急急忙忙开始挖掘起来。一个小时以后，一块重约半吨，并能够散发出各种不同光芒的椭圆形巨石呈现在他们的面前。可就在这个时候，这些探险队员们的身体都开始出现了一系列的抽搐反应，相继如同麻袋一般栽倒在地上。直到这时，仍然能够保持清醒的队长才突然想起那些死因不明的尸体，不禁浑身一颤，立即拖着开始麻木的身体，摇摇晃晃地想要向山下走去，准备叫人来解救他的同伴。可他才走下山，也一下子栽倒，昏迷了过去。



## 让人组织坏死的强烈辐射

不知过了多久，当这位探险队的队长终于清醒过来的时候已经是在当地的一家医院里了。原来，耶名山距离邻近的村子并不远，而且常常有人会经过山脚下。因此，这位探险队长幸运地被一位路人送

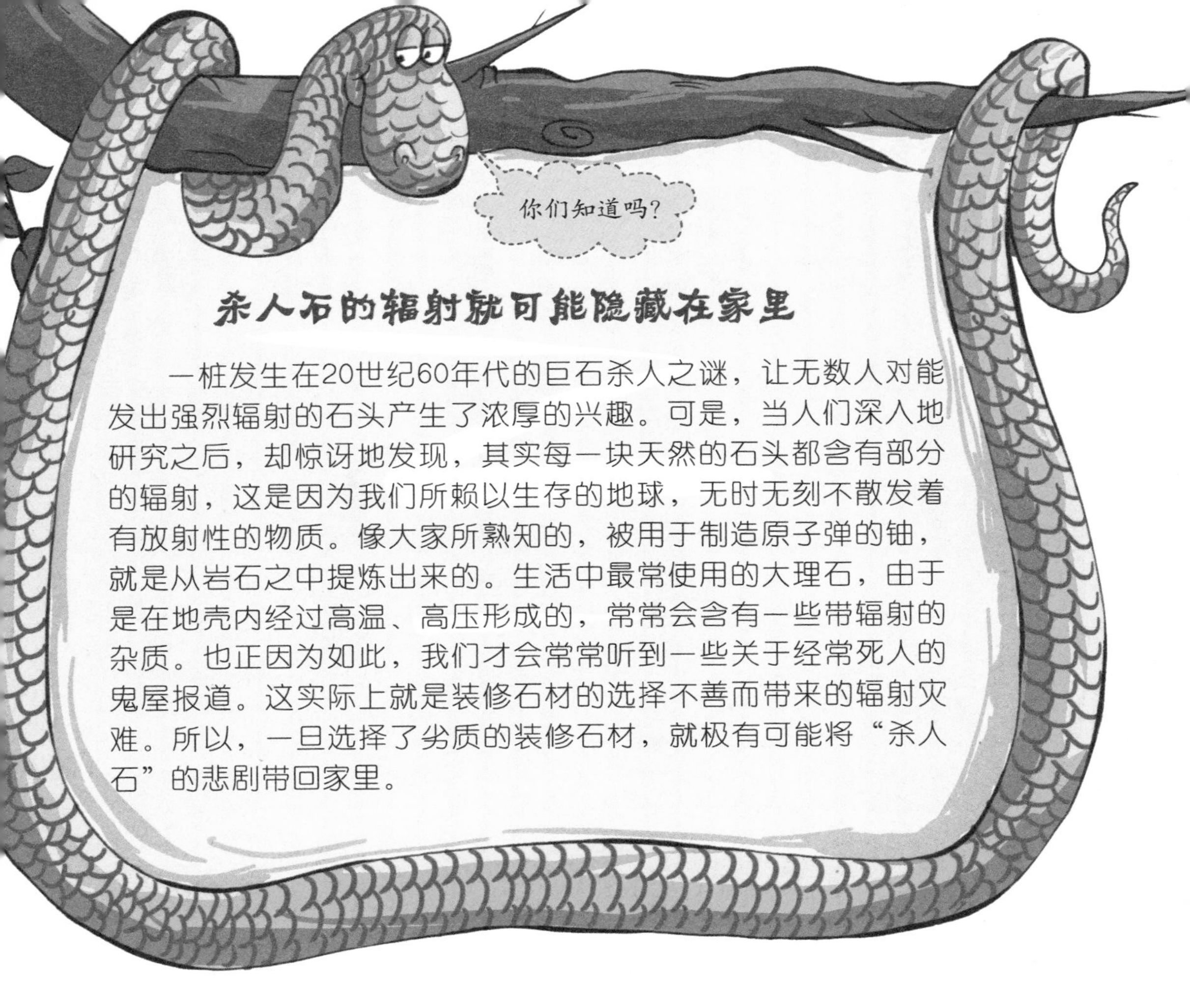

你们知道吗?

### 杀人石的辐射就可能隐藏在家里

一桩发生在20世纪60年代的巨石杀人之谜，让无数人对能发出强烈辐射的石头产生了浓厚的兴趣。可是，当人们深入地研究之后，却惊讶地发现，其实每一块天然的石头都含有部分的辐射，这是因为我们所赖以生存的地球，无时无刻不散发着有放射性的物质。像大家所熟知的，被用于制造原子弹的铀，就是从岩石之中提炼出来的。生活中最常使用的大理石，由于是在地壳内经过高温、高压形成的，常常会含有一些带辐射的杂质。也正因为如此，我们才会常常听到一些关于经常死人的鬼屋报道。这实际上就是装修石材的选择不善而带来的辐射灾难。所以，一旦选择了劣质的装修石材，就极有可能将“杀人石”的悲剧带回家里。

到医院。不过，他只是勉强苏醒了一会儿，将所有的事情告诉了人们之后便再次陷入昏迷。经医生进一步地检查后发现，这位队长的肌肉就像水做的一样软，毫无疑问，他的皮下组织已经受到强烈射线的照射而变得溃烂化脓了。不仅如此，就连他的内脏和其他一些组织也受到严重的损伤。于是，得知情况的马里有关部门立即派出救援队赶赴山上抢救其他的7名队员。但是可惜的是，他们无一生还。而那块使许多人丧命的“杀人石”却奇迹般地从山坡上滚落到一个无底的深渊中。因此，没有实物而无法进行深入研究的巨石杀人之谜，将注定成为一桩悬案。

浓雾弥漫，恐怖至极！

# 横渡英吉利海峡

英吉利海峡位于英国和法国之间，一边是英国的多佛尔，另一边是法国的加莱，海峡最窄的地方仅为30多千米。长久以来，这条海峡一直吸引着世界各国的游泳高手前去横渡，已有不计其数的人成功地横渡了英吉利海峡。而阿沙贝·哈伯尔是其中年龄最大的一位。

## 第一次横渡以失败告终

1981年8月9日，65岁的阿沙贝·哈伯尔准备从英国海岸出发，游向遥远的法国，开始进行横渡英吉利海峡的尝试。

这天，天气糟透了！他刚刚出发就起了风，浪远远地扑过来，哈伯尔像鱼一样在海里游着，一下一下地划着水，坚定地向前游。保护船远远地在他身后。

突然，哈伯尔的手变得不听使唤，很快地就抽筋了。他踏着

水，调整着呼吸，尽量让两只手放松。游完20千米，已经7个小时过去了。他感到两条胳膊很酸痛，渐渐地划不动了，呼吸也失去了节奏，透过游泳镜，眼前的一切都变得恍恍惚惚了。这时，他咬着牙，机械地划着水，由于用力大了些，胳膊又开始抽筋了，一阵阵疼痛刺激了他的大脑。接着，他的胃也开始痉挛了，头晕得要吐，哈伯尔感到了窒息的恐惧。终于，他划不动水了，并昏了过去。

哈伯尔与大海搏斗了13个小时，共游了35千米。救援人员把他拖到甲板上，他睁开了眼睛，胃里又一阵翻腾，“哇”地吐了很多水，这时距离目的地还有5千米。就这样，他的第一次尝试失败了。

## 遇到大片大片的水母

1982年8月，阿沙贝·哈伯尔在儿子戴夫的陪伴下，再次来到英国。第二次横渡英吉利海峡的日期原本定在8月26日——流经大西洋和北海之间的潮水最低的时候——可因为天气突然变坏，横渡英吉利海峡的时间改在了28日。

8月28日早晨不到8点，阿沙贝·哈伯尔从多佛港附近的海岸下水，朝着对岸的法国游去。海水很温暖，他平稳地匀速前进。可没到一个小时，手又开始抽筋了，他努力让自己不要紧张。游了24千米后，潮水上涨，哈伯尔开始越来越费力，并渐渐偏离航线，守在船上的戴夫担心起来。哈伯尔全力拼搏着，但潮水的阻挡使他多费了太多力气，划水的速度大大降低。他尽量保持着清

醒的头脑，这时不能急，更不能失败。哈伯尔很快适应了海潮，继续奋力向前。

“小心水母！”哈伯尔一惊，急忙抬起头，不知什么时候，海面上出现了一大片乳白色的蜇人水母。哈伯尔可不想惹麻烦，但又不甘心为了躲过它们而绕一个大弯，于是决定在快与它们相遇时，深吸一口气潜过去。但当哈伯尔要潜入水底的刹那间他就后悔了，在第一片水母后面还有一片正紧随着，而且正被海浪高举着推向自己。这样的话，自己要在水里憋很长一段时间，可是没办法，只能咬牙一拼了。在水面下的哈伯尔又一次感受到窒息的恐慌，终于躲过了水母，哈伯尔钻出水面狠狠地吸了一口气，太幸运了！他感觉一切良好。

## 成功到达彼岸

大西洋的冰冷潮水终于来了，哈伯尔充分调动着身上一切器官以适应它们。潮水来得很猛，几乎阻止了他的前进。这股潮水使他失去了在最近的海岸登陆的可能。

这时候，保护船上的戴夫跳进水里，与父亲保持着距离，在

前面领航。父子两人奋力向前游了20分钟闯过了巨浪。一切又平稳了，哈伯尔本能地划着水，但刚才的一番搏斗几乎耗尽了他的所有体力，他感觉自己要往下沉了。突然，他隐隐约约感到脚下碰到了细软的沙子。他不相信，用脚使劲向下一探，果然是沙子，他终于踏上了陆地。

经过了将近14个小时的努力，阿沙贝·哈伯尔游了45.9千米之后，终于走上了法国怀桑附近的海岸，他成功了！

## 无肢男子征服英吉利海峡

2010年9月18日早8：00，42岁的法国无肢男子菲力普·科洛松下肢套上带有脚蹼的假肢，头戴潜水镜和呼吸管，从英格兰南部肯特郡的福克斯顿港出发，经过13.5小时，于当晚9：30抵达英吉利海峡的另一头——法国加加莱港附近，成为世界上第一位成功横渡英吉利海峡的“无肢人”。

科洛松16年前不幸被两万伏的高压电源击中，被迫截去四肢。截肢前的科洛松其实是个“旱鸭子”，根本不会游泳。为了横渡海峡，科洛松开始了长达两年的“地狱式”训练，他穿着假肢练习跑步、举重、游泳，每周训练时间超过35小时。

可怕又刺激的探险

# 与猛兽同行——非洲探险

在非洲，有海阔天空、绿色无边的大草原，也有寸草不生、人烟稀少的大沙漠。那里有陆地上最威猛的狮子，最密集的象群，也有天空中最凶猛的雄鹰，最聪明的埃及秃鹫。想去辽阔的非洲大草原顺风驰骋吗？敢同善于奔跑的猎豹一较高下吗？想看看原野上奔跑着的豹子、鬣狗如何追捕逃窜的鹿群吗？让我们去神秘的非洲探险吧。

## 食血的虫子和鸟

在草地上走一阵子，你可能“有幸”遇到这样的事情：感到腿上痒痒的，或者发现有一些极小的葡萄似的东西粘在腿上。这就是扁虱，一种类似于蜘蛛的小生物，它们能把钉子一样的头钻进人体内吸血。更危险的是，还会让血液受到感染，因为扁虱能够传播“扁虱伤寒症”。要去掉身上的扁虱，只需直接把它们拔下来即可。最好是用镊子拔，千万不要扭着拔，否则可能会把它们的嘴扭断，而留一半在皮肤里，导致局部化脓。那样麻烦就大了！如果扁虱叮得实在太紧，就在上面滴一滴凡士林，这会迫使它把头退出皮肤来呼吸，这样就容易将它拔掉了。

除了吸血虫，非洲草原上还有吸血的牛椋鸟。长颈鹿和水牛都喜欢让它停在背上，因为这些牛椋鸟可为它们除去身上吸血的虱子，让它们感到很舒服。然而，长颈鹿和水牛却不知道，牛椋鸟啄去它们身上的虱子后，还会经常啄开它们的皮肤，弄大伤口，因为牛椋鸟也喜欢吸食血液。只是，这种鸟对人的威胁不大，它们很少攻击人，也很少吸食人的血液。

## 非洲草原上的豹子

草原上有很多凶猛的动物，如狮子、豹子及鬣狗等。其中，猎豹是陆地上奔跑最快的动物，速度可达每小时112千米，它们从起跑到达最大速度也只需要4分钟。因此，一旦进入猎豹的捕食范围，普通人想逃脱几乎不可能。猎豹的猎物主要是汤姆森瞪羚和小角马等中小型有蹄类动物。猎豹的体型为了适应高速的追逐而变得修长，爪子无法像其他猫科动物那样随意伸缩，因此无法和其他大型猎食动物如狮子、鬣狗等对抗，辛苦捕来的猎物经常被抢走。非

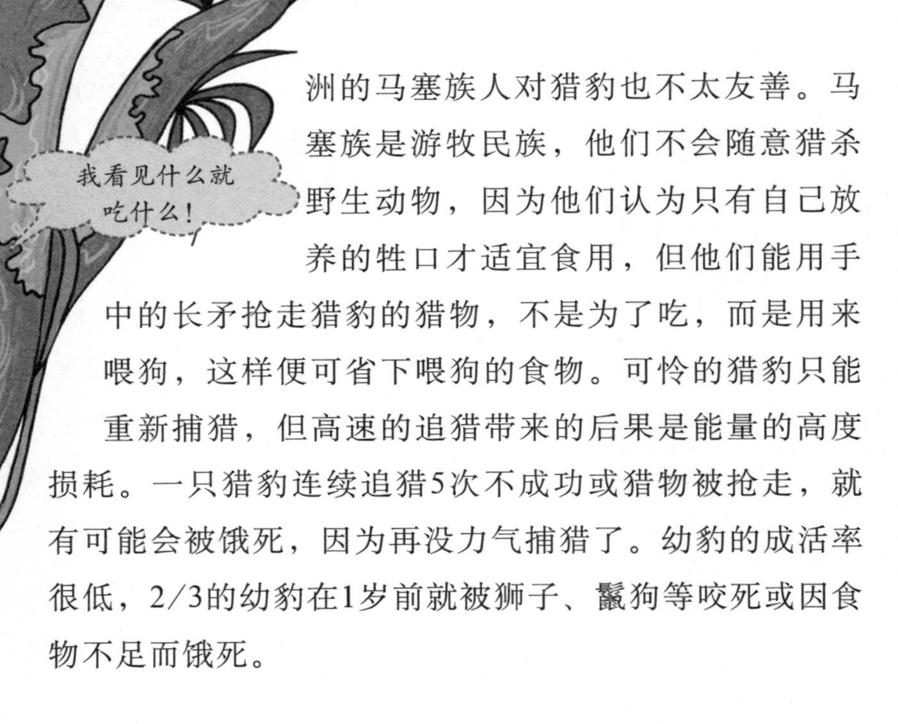


洲的马塞族人对猎豹也不太友善。马塞族是游牧民族，他们不会随意猎杀野生动物，因为他们认为只有自己放养的牲口才适宜食用，但他们能用手中的长矛抢走猎豹的猎物，不是为了吃，而是用来喂狗，这样便可省下喂狗的食物。可怜的猎豹只能重新捕猎，但高速的追猎带来的后果是能量的高度损耗。一只猎豹连续追猎5次不成功或猎物被抢走，就有可能会被饿死，因为再没力气捕猎了。幼豹的成活率很低，2/3的幼豹在1岁前就被狮子、鬣狗等咬死或因食物不足而饿死。

## 吞噬生命的沼泽地

大草原上分布着很多湖泊，有些看似平静的浅水湖，其实是致命的沼泽地。天降大雨，路面变得泥泞，探险队寸步难行。原本风驰电掣的越野车也只能在原地打转，车轮旋转着，带起泥浆四处飞溅，渐渐地汽车歪向一边，随时可能滑倒，亦或越陷越深而被吞没在泥沼里。眼前一马平川的浅水湖，其实暗藏着无数的危险，很多不知情的动物和人就这样被泥泞的沼泽吞噬，消失得无声无息。

### 非洲狮子捕食大象

兽类中最凶猛的狮子与“草原之王”大象素来和平相处，互不侵犯。然而，在非洲的博茨瓦纳北部却时常发生狮子猎食大象的情况。博茨瓦纳北部约有13万头大象，占全球大象总数的1/4。白天，大象通常成群活动，狮子不敢轻举妄动，但到了晚上，大象的夜视能力不佳，反应变慢，狮子便会趁机出动，偷袭落单的幼象。从狮子锁定目标到扑倒幼象，有时甚至只需30秒，勇猛异常。

曾有河马群长途跋涉到达这里，欢快地扑进这方圆十里唯一有水的泥潭里。然而，不幸的事发生了，最先到达的河马跃进泥沼后，身体一点点下沉，其余的河马以为它在潜水，都跟着跳进去，可是当它们意识到身体被强大的吸力吸入泥潭深处而无法自拔时，都开始拼命地挣扎，并且发出凄厉的叫声。然而，泥浆渐渐漫上来，流进嘴里，最终盖过头顶，河马群就这样消失了。唯有几只还没来得及入水的河马站在岸边，呆呆地看着眼前的恐怖景象，竟然忘记了逃跑。

广阔无垠的非洲大地遍布着奇特而凶猛的动物，与它们同行，旅行者会惊叹生命的惊险与神奇。

"隆隆"，角马来啦！

# 非洲探险第一人

现在，对于许多热爱探险的人来说，保持原始自然风貌的非洲无疑是一个绝好的去处。我们仅仅是跟随着前辈们的脚步在探险，不过就算是这样，过程都惊险万分。世界上第一位独自横穿非洲的人利文斯敦，无疑值得我们尊敬。

## 隆隆迁徙的角马群

利文斯敦是苏格兰的一位博士和传教士，他从小就对大自然充满了好奇。于是，1841年，利文斯敦带着自己的梦想来到非洲。

然而，就在利文斯敦刚踏上非洲的土地，准备信心满满地开始他那横穿非洲之旅的时候，地面突然没有任何征兆地颤动了起来。并且，在迎面吹过来的大风中，他听到了"隆隆"声响，仿

佛有几万面战鼓一齐擂动，震耳欲聋。利文斯敦抬头朝远处望去，只见扬沙漫天，像有成千上万的马匹在飞奔一般。在这种情况下，周围的小动物们都吓得四下逃散。

看着这个场面，利文斯敦又是害怕又是好奇，于是他急忙跑到一个小山丘上，借助从背包里取出的望远镜才发现，原来那只是正在进行季节性迁徙的角马群而已。他想过去进行近距离观察，但他知道，别看这些角马长得像牛一样强壮，实际上非常胆小。也正因为如此，角马才需要一起行动，似乎只有在集体中，这些胆小的大家伙们才能够感觉到些许安全。如果在这个时候，有狮子稍微驱赶一下，这些角马就会吓得迅速奔跑起来，这就是为什么在非洲大草原上常常能够看到大批角马奔腾的情景了。

## 被狮子袭击

追随着一群正在迁徙的角马，利文斯敦走过一片又一片大草原。就在他来到一片新的草原，准备找个地方歇脚的时候，突然有轻微声响从身后传来，这种声音不得不引起他的注意。

他慢慢地转过身去，只见一头体长接近两米的非洲雄狮正瞪着它那铜铃一般的大眼睛，恶狠狠地看着他。刹那间，那只狮子就朝利文斯敦扑了过来，并张开血盆大口狠狠咬去。事情发生得实在是太突然，他根本来不及反应，就被狮子咬住了左臂。他知道，狮子的咬力十分巨大，可以达到惊人的400公斤，能轻松地咬断一根拇指粗的钢管，更别说是自

己那脆弱的手臂了。当狮子尖锐的牙齿扎进肉里的时候，钻心的疼痛让利文斯敦痛苦地大喊出声。但是随即他也做出了反击，强忍着从胳膊上传来的疼痛，右手急忙从背包里抽出一把手枪，毫不犹豫地对着狮子就开了一枪。

“嘭！”随着一声清脆的枪响，狮子痛苦地逃离了，而利文斯敦也惊险万分地逃过一劫。

## 有蛆在伤口下蠕动

在非洲，受伤无疑是一件十分麻烦的事情，因为在这炎热的天气下，血液流动非常快，让伤口变得难以愈合。不仅如此，从伤口散发而出的新鲜血液的味道，也能极大地吸引蚊子一类的吸血昆虫。这些无处不在的吸血鬼们，不仅在白天对利文斯敦进行狂轰乱

### 非洲的“露西”是现在60多亿人类的母亲

露西是美国的古人类学家唐纳德在非洲发现的一具距今约300多万年的古人类化石，是迄今为止人们发现的年代最为久远的古人类化石。这样一来，根据科学家们的构想，在300万年前，地球上最先进化出来的非洲智人不断迁徙到世界各地，从而形成了现在的人类格局。因此，科学家们有理由相信，这个露西，是现在全球60多亿人在300万年前的共同母亲。

炸，就是在夜晚也扰得他不得安宁。

几天以后，利文斯敦突然感觉伤口瘙痒难耐，于是就抬起自己的左臂稍微观察了一下。可是不看不要紧，一看吓一跳。他发现在自己的伤口下面，竟然有几条蠕动着的虫子。当时他吓坏了，不过后来发现那是蛆，是这几天一直骚扰自己的苍蝇的幼虫。很有可能就是其中的某一只或者几只苍蝇，趁着自己睡觉的时候，偷偷地把卵产在了自己的伤口里。由于气候和环境适宜，卵很快就孵化成了蛆，这些恶心的小家伙在自己的伤口里爬来爬去，自然让自己瘙痒不堪。

略懂生物学的利文斯敦知道，这些蛆可以吃掉伤口里的腐肉，并且不会排泄，因此是野外治疗伤口的最佳帮手。但是，就这样放任它们在自己的身体里横行无忌也不是办法，于是他就强忍着疼痛，用一把烧红的匕首，将伤口里的蛆全部都挑了出来，再用布死死地包裹了几层后，继续踏上了他的非洲探险之旅。虽然在探险过程中总会遇到各种困难，但都被利文斯敦一一化解，就这样他成为了非洲探险第一人。

哇，看见骆驼了！

# 可怕的沙漠

辽阔的沙漠上，鸟兽绝迹，人迹罕至。由于沙子热容小，所以昼夜温差很大，白天炙热烤人，夜晚又寒风刺骨。在一望无际的沙漠上，常常会看到累累的白骨散乱地分布着，偶尔被过往的路人收集起来，放在路边。这些白骨都是在沙漠中遇难的人被风干后的尸骸。沙漠中到底有什么可怕的东西呢？让我们去探个究竟吧。

## 活埋行人的沙暴

骆驼商队行走在沙漠中，忽然前方地平线上出现漫天黄沙，并迅速地朝这边推移过来。驼队的头目和向导告诉大家沙尘暴近在眼前。众人还没来得及安顿下来，沙尘暴便呼啸着从头顶漫过。骆驼们绝望地嚎叫着，闭上眼睛，关闭鼻孔，背着风向把头埋进沙堆里。火辣辣的沙子如雨点般袭来，仿佛鞭子抽打在行人脸上，使人难以睁开双眼。此时到处都是风沙，没有地方可以躲避，除非准备了帐篷，否则很可能被风沙活埋。也有人曾躲在骆驼的身后避风，可是当巨大的骆驼翻身压在他身上后，结果就可想而知，那人被活活压死了。沙尘暴把远方的沙子带到这里沉积，有时厚度可达三四米。骆驼商队驻扎在沙丘后避风，此时沉积下来的沙子已齐腰深，趁它还没有埋到脖子之前，最好换个地方，因为驼队里的人都清楚地记得路边那些白花花的骷髅，那些就是这么被活埋进沙里，最后风干的。

寂静无声的沙漠！

沙漠中为何会有如此大的风？这主要是因为沙漠中气候常年干燥，很少下雨，太阳直射地面，受热的地方气压低，而没有受热的地方气压高，于是大气从气压高的地方流向气压低的地方，形成大风。大风吹过时，卷起地面被晒干的沙尘，它们弥漫在空中就形成了沙尘暴。

## 沙洲上的怪叫声

夜晚在沙丘上行走时，会听到各种奇怪的声音响彻沙漠。似乎身后总有个身影跟随着，当停下脚步后，那声音也随即停止，可继续前行时，它又会响起来。有时像飞机轰鸣，有时像婴儿哭泣，有时又像电闪雷鸣。可是转身后，却发现身后空无人影。如果只身行走在旷野，定会被这种情景吓得毛骨悚然，感觉头顶的天空总有双眼睛盯着看。前

苏联尼科波尔城附近的沙滩也有怪叫声，每当夜晚起风的时候，人们在沙洲行走就会听到清楚的啸声，仿佛怪兽嘶吼，迷信的人甚至以为它们是游荡的孤魂野鬼。

那么，它们究竟是什么呢？原来，沙粒之间有空隙，当人在沙粒上行走时，踩压沙粒，挤压空隙，导致有的沙粒空隙变小，其中的空气被挤出；有的地方空隙变大，导致空气进入。在空气进入不同沙粒间隙时，产生振动，于是形成声音。另外，沙丘内部有个密集而潮湿的沙层，它的上面和下面都是干燥的沙层，形成天然共鸣箱。沙粒间隙中振动产生的响声通过共鸣箱增大，于是走在沙洲上的人们就能听到特别大的响声。

## 干旱沙漠中的死神

沙漠中也有极少的动物能生存下来，其中便有角蝰蛇。走在沙漠中，行人可能会突然感到脚下软绵绵的，似乎踩在肉堆上。然后就发现脚下的沙子在扭动，那是隐藏在沙子里的角蝰蛇，它们行动敏捷，若不小心被它咬伤，很可能会中毒身亡。

角蝰蛇全身长着非常坚硬的鳞甲，以

适应高温的沙漠。它爬行时会发出很大的响声，极像响尾蛇。它的眼眶上长着一对刺状的鳞片，能遮挡阳光。如果被激怒或者受惊吓，它会以迅雷不及掩耳之势咬伤对方。角蝰蛇牙齿中释放的毒液能使人的心脏和肌肉中毒，严重者全身痉挛而死。除此之外，沙漠中还有爬行的蜥蜴和蝎子，如果惹恼它们，你的处境也会非常不利。干旱的沙漠中到处充满着考验，它风景奇特，却暗藏危险。

哇，气势宏伟的“世界屋脊”！

# 高原之旅

在整个亚洲的中心地带，喜马拉雅山脉、喀喇昆仑山脉、昆仑山脉和兴都库什山脉等几条山脉都在此汇合，因此形成了一个巨大的山结。这里雪峰群立、气势宏伟，这就是与青藏高原同称为“世界屋脊”的帕米尔高原。

## 同一座山峰出现的两种截然不同的状态

在19世纪末的时候，英国对印度的统治不断加强，同时也将目光投向了中国西部的帕米尔高原。于是，在英国政府的指派下，当时作为英国陆军军官的扬哈斯本来到了新疆。

喀喇昆仑山脉有着自己独特的气候条件。在这里，由于南坡受到来自印度洋季风的影响而温暖湿润，生长出许多树木；但是在另一面的北坡，却是极为干燥的，由于缺水干冷，就形成了一片戈壁的荒芜景象，就像扬哈斯本在日记中记载的那样：“我简直不敢相信自己的眼睛，上帝作证，那就好像巫师的巫术一样，那种郁郁葱葱、生机勃勃的景象，让我实在难以把它和它背后的荒凉景象联系在一起，可实际上，它

们就是同一座山峰的正反两面。”

## 让人恶心呕吐的高原反应

经过几十天的行走，扬哈斯本一行人终于穿越了喀喇昆仑山脉，进入了世界最高的山脉——喜马拉雅山脉。在这里，他们遇到开始进入帕米尔高原以来最为严苛的挑战，因为这里有着世界上最复杂的地质构造和最为稀薄的空气浓度。就像扬哈斯本提到的：“这里实在是太美妙了，让我无法用任何言语来形容，我只能跪伏在地，深深地赞叹造物主的神奇。是他，用手中的利斧，将一座座山峰，劈砍得那样的齐整；也是他，在平整的大地上挖掘出了一条又一条深不见底的峡谷深渊。当然，这些并不是主要的，现在我们遇到了一个大麻烦，那就是高原反应。该死的，这个可恶的高原反应就像是一个始终徘徊在我们身边的魔鬼，不断地吸取我

们体内的生命元素，让我们的体质下降。我已经不记得到底是从什么时候开始了，我的心跳变得越来越快，每次只攀登了不到平常一半的距离，就会变得气喘吁吁，上气不接下气，而且还会时常伴着头晕和恶心呕吐等症状。甚至，我还能清晰地听到自己肺中摇晃不停的水声。老天，我有时都在忍不住地幻想，肺里面的水会不会把我的肺泡烂，就像河水里的尸体一样？”

## 高原冰河，能够将人整个吞没

一年就这样过去了。扬哈斯本和他的几个助手在这一年中，就像是一个个野人，在帕米尔高原中穿行着。饿了，他们就去猎杀动物，或者是采摘野果吃；渴了，就从高山上抓上一把还没有融化的冰雪塞进嘴里。就这样，他们的足迹不断地踏向每一个人类从未驻足过的地方。攀登崇山峻岭、跨越深沟峡谷，几乎已经成为他们日常生活中的一部分了，而就在即将结束这一次帕米尔之行的时候，神奇的大自然给他们出了最后一道难题。

冰河——在高原地区，由积雪变质而成，沿着地面自行流动的冰体——出现了。横在扬哈斯本他们一行人面前的，是一条长达几十千米的巨大冰河带，和原来碰到的透明冰块不同，这里的都是些不透明的白色坚

冰。面对这样的冰河，每个人都不敢轻举妄动，因为他们曾经亲眼目睹过冰河将人整个吞噬的场景。那个时候，一整条冰河就好像是一道巨大的浪花一般，咆哮着从山上直冲下来，速度之快，让人咋舌。不一会儿，那巨大的冰块和白色的雪就把人吞没了，人根本没有任何逃生的可能。最终，扬哈斯本为了安全起见，绕到冰河的源头，多走了几十千米的路，才结束了他们这一次长达一年多的帕米尔之行。

## 从很遥远的古代，我国人民就开始挑战帕米尔高原了

根据我国古代奇书《山海经》的记载，在茫茫的昆仑山西北，还有一座更高更大的山脉，名叫“不周山”，就是现在我们所说的帕米尔高原。不过在那个时候，由于科技落后，人们见帕米尔高原上终年积雪、云雾缭绕，就以为是神仙居住的地方。因此，人们常常为了能见到传说中的神仙一面，苦练筋骨，以便让自己有能力挑战帕米尔高原，能够活着见到生活在帕米尔高原上的神仙。

持续时间短，破坏力极强！

# 追逐龙卷风的人

龙卷风是在极不稳定的天气条件下，由强烈的空气对流运动产生的一种能高速旋转的漩涡云柱。它的破坏力极强，能将几十米高的大树连根拔起，把几层高的楼房掀翻。也正因为如此，许多人对龙卷风痴迷不已，都想到它的周围一探。

## 痴迷龙卷风的吉姆

吉姆是一位摄影爱好者，与所有同行不一样，他的大部分时间不是用来钻研摄影技术，而是在研究天气。这是怎么回事呢？原来，吉姆的摄影对象并不是那些像山水树木一样的不动体，也不是像鸟兽一样的动物，而是一种神秘莫测的天气现象——龙卷风。甚至，吉姆为了研究龙卷风，都把自己的家搬到龙卷风多发的堪萨斯州来了。

吉姆之所以对龙卷风如此痴迷，就是因为在小的时候，他曾与龙卷风有过近距离的接触。对于他来说，龙卷风根本没有人们传言的那样可怕，他甚至这样形容龙卷风：“她只是一个刀子嘴豆腐心的好姑娘，虽然看上去她的脾气很暴躁，但实际上你接近和了解她以后，就会发现其实她很温柔的。”

突然，一声凄厉的警报声响

起，那是吉姆自制的龙卷风预报机，它能够根据天空云层的变化来判断龙卷风的形成。而他在听到警报声后，就像吃了兴奋剂一样，抓起照相机就急急忙忙地跑了出去。吉姆很快就发动了汽车，这个时候，他透过汽车的玻璃，能清楚地看到在远方天空中一个凸出云层的圆角。拥有丰富龙卷风知识的吉姆知道，那是龙卷风形成的先兆。随后他狠狠地一踩油门，就驾驶着汽车疾速地朝龙卷风的方向狂奔而去。

## 顶着冰雹和闪电进行拍摄

随着时间一分一秒地过去，在吉姆的视野里，天空中的那个圆角逐渐地加长，就好像是一根从云层往下长的竹笋一般，最后与地面连接了起来，形成了一道猛烈旋转的风柱。从他的角度看过去，可以清楚地看到在旋风的周围，不断有沙石和尘土被卷积起来，被

强大的气流吸入“体内”。而随着被吸进去的沙石尘土越来越多，龙卷风的颜色也从最初的白色，渐渐变成了黑色。不仅是龙卷风的颜色变了，就连天空中的云朵也仿佛被墨汁浇染了一般，变得一片漆黑。这个时候，他似乎预感到了什么，赶紧拿起了照相机，此时，正好一道粉红色的闪电划过天空，被吉姆一下子捕捉到了。

吉姆在拍摄了闪电划过龙卷风的精彩瞬间后，赶紧关上了汽车的窗户。就在这时，一阵噼里啪啦的声音响起，与龙卷风相伴10多年的吉姆知道，那是由于龙卷风产生时强烈的冷热空气对流，在高空极冷空气的作用下，水蒸气迅速凝结形成的冰雹。这些冰雹，有些只有米粒般大小，但是有些却比一个人的拳头还要大。从几万米的高空坠落而下，那强大的冲击力甚至可以直接砸穿屋顶。不过，这并没有吓倒吉姆，他仍然执着地开着汽车，继续朝龙卷风驶去。

### 被龙卷风刮来的鱼

拉贾曼努是澳大利亚北部的一个普通小镇，2010年3月1日，当天空中乌云密布，人们以为要下雨的时候，却发生了一件极其不可思议的事情。无数白色的小鱼竟然伴随着雨水从天而降，给这个小镇带来了一场怪诞的“鱼雨”。根据科学家们的解释，这种现象其实是龙卷风将大海或者河流中的小鱼卷积到了天上，再随着雨水降落在了小镇之上。而由于高空的气温过冷，降低了这些鱼体内的新陈代谢，所以等到鱼再降落到地面上的时候，依然还是活着的。

# 转瞬即逝的龙卷风

一般来说，龙卷风的寿命很短，从十几分钟到几个小时不等，因此，吉姆为了抢夺第一手资料，只得将汽车开得飞快。在朝龙卷风飞奔而去的路上，他见到了许多不可思议的情景：一根稻草长在了树干上，很显然，并不可能是稻草自己长上去的，而是被龙卷风以极快的速度带起，然后插进树干之中。吉姆还见到远处许多房屋轰然爆炸，他知道那是因为在龙卷风的中心气压很低，造成了建筑物中的空气急剧膨胀，最终导致了建筑物的爆炸。这种作用就像是经常生活在很深海底的动物长期承受海底的高压，如果一下子来到陆地上，它们也会骤然炸开一样。不仅如此，就是人类突然到达没有压力的外太空，也必须穿着宇航服。如果不穿，那么所有的宇航员都将像手雷一样轰然炸开。

不过，这种惊人的场面并没有进行多久。仅仅半个小时，龙卷风就消失了，但是吉姆并没有放弃，他依然要坚持他那“风暴追逐者”的旅程，继续追踪下一个龙卷风。

哇，好烫的岩浆！

# 亲身经历火山喷发的奥古斯丁

在很久以前，人们看见有一些山峰冒出浓浓的黑烟，好像是着火燃烧一样，于是称之为“火山”。火山喷发时的景象颇为壮观，因此许多冒险者都对火山喷发心驰神往。

## 经常冒烟的皮纳图博山

奥古斯丁生活在菲律宾吕宋岛上的一个小村庄里，在离他家不远的地方，有一座叫皮纳图博的大山。皮纳图博山很高，听那些从美国来的人说，这座山有1700多米高。不过，奥古斯丁并不知道1700米到底是多高，但是他知道，如果要从皮纳图博山的山脚下往上爬的话，没有3个小时是爬不到顶的。

就是这座山，从4月初开始，不断地有黝黑的浓烟散发出来，山顶上的树木在被这些浓烟笼罩过后，都呈现出一种异样的焦黄色，就好像是被大火烤过一般。听村里面的老人说，那是因为住在皮纳图博山里面的火神要苏醒了，而这浓烟，就是火神的呼吸。其实，那种焦黄色的浓烟是地下岩浆当中的硫化物和一些喷出来的火山灰，其中的硫化物闻起来十分刺鼻，可以在空气中与水蒸气反应形成硫酸。不仅如此，在火山喷发之前，由于岩浆在地下不断地冲击岩层，会造成不间断的地震。这座山里并没有所谓的火神。

到了6月份的时候，菲律宾政府开始派人疏散群众，这让奥古斯丁一下子意识到皮纳图博山在不久的将来肯定会发生一些什么。于是，在好奇心的驱使之下，奥古斯丁没有随军队撤离，而是独自一人朝皮纳图博山走去。

## 爬上山头躲过岩浆掩埋

凭着记忆，奥古斯丁很快到达了皮纳图博山下。而就在这天中午，奥古斯丁才将几个野果吃下肚子，就感觉地面剧烈摇晃起来，好像是在船上漫无目的地颠簸一般。他朝皮纳图博山上看去，只见一道黝黑的蘑菇云冲天而起，紧接着，仿佛惊雷一般的声音陡然在耳边炸响，地面的震动也在这声炸响后变得更加剧烈起来。

随即，几道赤红的流状物被狠狠地抛到高空中，奥古斯丁恍然大悟，这是火山喷发。这个场景他曾经在电视里面见到过，原来皮纳图博山是座火山，而那些赤红的流状物就是岩浆。不过更可怕的事情还在后面，因为那些岩浆在地球引力的作用下，很快便从皮纳图博火山倾泻而下，朝奥古斯丁席卷而去。

这个时候，奥古斯丁吓坏了，他急忙跑上旁边的一座山头，这才有惊无险地躲过了岩浆的袭击。不过，从岩浆升腾而起的气浪不断侵袭着他所在的山头，那炙热的温度，让他觉得自己就像是蒸笼里的包子，随时都有可能被蒸熟。

## 整整48小时的暗无天日

如果事后有人向奥古斯丁询问起皮纳图博火山喷发时的情景，那么他一定会告诉你，其实火山刚开始喷发的时候并没有什么可怕的，可怕的是喷发之后的48小时。

为什么这么说呢？因为就在奥古斯丁躲过了第一轮的岩浆侵袭，以为可以高枕无忧的时候，他突然发现，在天空中黑压压的一片云朵朝自己这边压了过来。不过，很快他就知道了，那并不是什么云朵，而是大批的火山灰。不仅是让人近乎窒息的火山灰，还有许多被火山抛甩出来的碎石块，有的只有拳头般大小，而有的却比人还要大。

面对这样的情景，奥古斯丁只得躲在一棵大树下，用浸了尿液的衣襟紧紧地捂着嘴巴和鼻子，以免吸入过多的火山灰导致窒息。他无论如何也想不到，原本以为几个小时就会消散的火山灰，竟然整整持续了两天。在这两天的时间内，火山灰就好像雪花一般降落而下，铺满了整个大地，几乎都快把奥古斯丁活活掩埋了。不过最终他还是熬了过去，得到了救援。

## 可以为地球降温的火山

我们都知道，火山喷发会喷出大量的火山灰，但是你恐怕想不到，就是这些火山灰，竟然可以为我们的地球降温。根据科学家们的研究显示，1991年的那次皮纳图博火山喷发，就足足排放出了超过2000万吨的火山灰和一些硫化物气体，这些物质飘散在大气中，让太阳光照射的热量没有办法全部进入大气层。这样一来，由于受到太阳热量减少的影响，整个地球的温度就自然而然地下降了。而根据科学家们的统计，皮纳图博火山的那次喷发，竟然让整个地球降低了0.5℃。

啊，好大的脚印！

# 神秘莫测的喜马拉雅雪人

高耸的喜马拉雅山傲然挺立，在那茫茫的白色雪山中，埋藏着许多不为人知的秘密。而在人们的口中不断传诵的一种奇特类人生物——雪人，显然就是其中之一。

## 传说中生活在雪山上的类人生物

霍华德是瑞典的一位探险家，对于这个出生在12月份的射手座小伙子来说，挑战全世界的隐秘之地，去探究那些不为人知的奥秘是他毕生的愿望。而关于喜马拉雅山雪人的传说，更是让他如痴如醉。因此，他准备好了一切之后，向那个充满神秘的地方进发了。

为了这一次的

喜马拉雅之行，霍华德可谓是准备充分。他在之前用了整整一个月的时间来恶补关于喜马拉雅山雪人的知识。他知道，在喜马拉雅的山区中，雪人被描绘成一种身材高大、半人半猿的神秘动物。它们比世界上最高的人还要高许多。传说中，在其壮硕的身上长满了许多灰黄色的毛发，并且它们力大无穷，可以轻易地拧下一头牛的头颅；它们行走如风，可以像猴子一样在悬崖峭壁上跳来跳去；有时候它们凶猛彪悍，会冲到人类的聚居地捣乱，并杀死人类；有时候又很温柔和仁慈，在喜马拉雅山当地的传说之中，常常会有少女在雪山中遇险，雪人就像英雄一样挺身而出，最后将少女救出。

不过霍华德对这些都只是半信半疑，因为他是探险家，他只相信自己的眼睛。

## 在山洞门口发现的奇怪脚印

在喜马拉雅山南坡的一条小道上，一个人和一头牦牛正在艰难地前行着，这个人，正是立志要寻找到雪人的霍华德。不过在海拔超过了5000米的高度，就是这个攀登过非洲最高峰乞力马扎罗山的探险家，也有些吃不消了。不仅如此，在将近半个月的寻找中，他几乎踏遍了每一个曾经出现过雪人足迹的地域，但仍然一无

所获。这一天，他牵着牦牛来到了一个背风的山脚下，就在准备建立今晚的宿营地的时候，他突然注意到旁边不远处的一个山洞。本来，在喜马拉雅山上，拥有一两个山洞并不稀奇，但是让霍华德惊喜万分的是，在山洞的前面，有一串像人一样的巨大脚印。

这些脚印长约50厘米，宽约20厘米，拇趾很大并且向外翻开。通过霍华德的判断，这一定是一个高达4米的两足动物。经过分析，他很确定这就是雪人的脚印。并且这个雪人十分强壮，通过留下来的脚印深度来看，它的力量至少和熊是处在一个级别的。也就是说，雪人只要两只手臂，就可以活生生地把一个人的胸腔肋骨全部挤碎。

## 辛苦追踪的雪人竟然是藏熊

虽然在历史上，雪人的脚印已经不是第一次被发现了，而且各种各样的都有。不过，这并不能打消霍华德的积极性，他相信，自己一定能够真正找到喜马拉雅山雪人。

在随后的几天里，他不眠不休地利用自己积累的野外生存和跟踪

### 雪人英雄从雪豹嘴下营救少女

从公元前，关于喜马拉雅雪人的传说就已经在世间流传了，而离我们最近的，恐怕就要属发生在1975年的那次了。

在1975年，一名尼泊尔姑娘像往常一样在山上砍柴，专心致志的她并没有发现在自己的身后有一头凶狠的雪豹，并且已经悄悄跟踪她超过10分钟了。突然，雪豹抓准了一个时机，猛然朝少女扑去，就在这个时候，一个长着红发白毛的类人动物冲了出来，并和雪豹进行了殊死搏斗，这个姑娘最终才得以逃回村子。

经验追踪着这只雪人。不得不说，霍华德是很有本事的人，他仅仅凭借着遗留在雪地上的气味和排泄物，就可以准确地找到雪人的行进方向。就这样，一直到3天以后。当他刚刚翻过一座山头，准备再一次停下来，寻找雪人遗留的蛛丝马迹的时候，突然发现有一只巨大的棕色动物，正在笨拙地爬上对面的山头。这让他欣喜若狂，急忙从自己的背囊里抽出一把猎枪，然后手脚并用地以最快的速度冲到了对面的山头。可是直到霍华德冲到了距离“雪人”只有50米的时候，他才惊讶地发现，这个有着臃肿的身体，长着像狗一样的脸的家伙，哪里是什么雪人啊？那根本就是一只喜马拉雅藏熊嘛！藏熊是黑熊的一种，平时栖息在喜马拉雅山的密林之中，它们经常在海拔3000米左右的山中活动，而且会在冬天和夏天不断地在山上和山下来回迁徙。在爬山的时候，藏熊也会像人一样手脚并用。这让霍华德不禁哑然失笑：“难道藏熊就是雪人的真面目？”他不知道自己的判断是否正确，但他知道，在人类的不断探索中，雪人之谜终有一天能够水落石出。

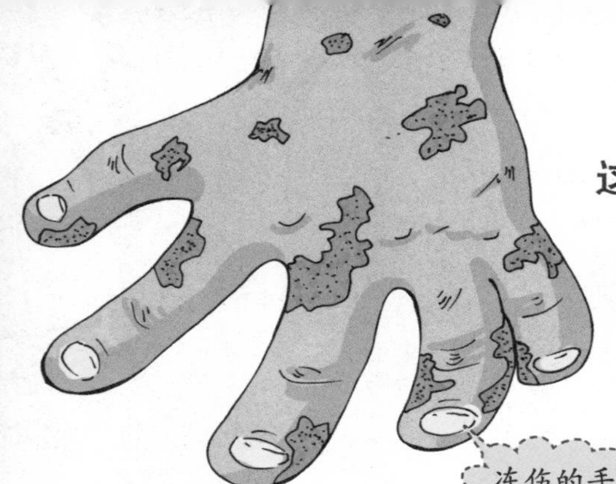


这里真的好冷啊！

# 极度寒冷的危险雪域

在地球上，总是有很多高耸入云的山峰。很多探险家不顾自己的生命安危，哪怕历经雪崩、冰裂的考验，也要踏上白雪皑皑的冰峰，并攀登上从来没有人涉足的峰顶。这些探险的人，有些成功了，有些虽努力却一直未能如愿。冰峰就好像一个高高在上的女王，一直俯视着为她努力奋斗的探险家们。

## 经历冻伤的探险家

法国的莫里斯·赫宗是个登山爱好者，无论多么艰苦的登山活动都能够完全将他吸引。1950年，他从安娜普纳峰下行，由于要使用海拔气压计，于是他就从背后的背包中取出，顺便还拿出了一杯压缩牛奶，可是这时候一不小心，手套掉到了山崖下。对于在白雪皑皑的冰峰上行走的人来说，没有什么比手套更重要的了。因为它可以保护手不被冻伤，一旦手组织坏死，手指就必须要切除了，否则产生的坏疽会危及人的生命。如果没有了手指，那是多么可怕呀！没有手套的莫里斯只能够用裸露的双手接触岩石和雪，刚开始还能够感觉到被冻得通红的手上传来揪心的疼，可是随着时间的推移，竟然没有了疼痛的感觉，最终他坚持回到营地。等到达的时候，他的手指上已经布满紫色、白色的斑点，像木头一样硬，后来实在没有办法，为了保住他的生命，只能将大部分的手指切除。

有一个名叫埃里克·辛普顿的英国登山者腿部冻伤时，他的向导把奶酪和牦牛粪燃烧的灰烬和在一起，做成一种膏状物，不断地为他按摩。因此，他的腿没有被切除，终于保住了。

## 让你的身体适应雪域

如果你是一名登山爱好者，在登山的时候，可能会遭遇各种灾难。你做好应对所有困难的准备了吗？

当你在白雪皑皑的雪域中行进的时候，如果没有带墨镜，你可能会感觉到眼睛里有粗砂在摩擦，然后就会不停地流眼泪，闭上眼睛很疼，如果要睁开眼睛就要忍受双倍的疼痛。雪域的温度一向很低，所以在你被冻得不停颤动时，就有可能发生下面这种情况——失去身体的协调能力，最终会昏迷不醒。如果不及时暖和过来，必死无疑。所以为了避免遇到这样的情况，一定要多穿保暖的衣物，使自己的身体一直处于温暖的状态。

登山的时候，身体不断以出汗和呼气时呼出小水珠的形式失去水分。红血球的密度增大，血液就会变得更加黏稠，甚至无法流通而结块。这时，大脑就会产生难

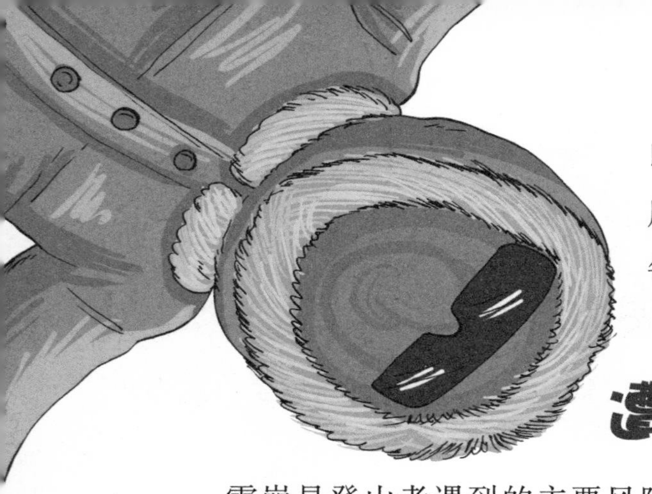

以忍受的疼痛，甚至导致死亡。所以为了避免水分过多地流失，每天都要多喝水。

## 遭遇雪崩的登山者

雪崩是登山者遇到的主要风险之一。1922年，一个英国探险队攀登珠穆朗玛峰时，突然发生了雪崩，咆哮的雪就像魔鬼一样从山上一涌而下，整个探险队还没来得及做任何反应，9名登山者就被卷入雪崖下。走在最前面的乔治·李·马洛里本人，以及其他3名和他系在一起的人也被雪崩卷下了山崖。幸运的是，他们处在雪崩带的边缘，碰上的只是刚落下的新雪而不是可以砸死人的大冰块，因此他们保住了性命。这4个人很快从雪中逃生，随后解救了后面的两名队友。其他7个人就没有那么幸运了，如石头般坚硬的大冰块就这样无情地压向了他们，有的砸向人的心

脏，有的将人脑袋压扁，有的将人的胳膊、腿砸折，从而被更多的冰块砸死。甚至死的时候很多人都没有来得及闭上双眼。

两年后，在一次对珠穆朗玛峰更深入的探索途中，马洛里自己不幸遇难。他的尸体在1999年被其他登山者发现，但和他一同上山的乔治·欧文的尸体至今下落不明。人们仍然不知道首先征服世界最高峰的是马洛里和欧文，还是后来的埃德蒙·希拉里和夏尔巴族人藤辛·诺盖。

### 遭遇雪崩后，如何辨别方向

如果你遭遇了雪崩，雪不再移动时，挣扎着朝上方钻，争取出去。可是，你被埋在雪里完全迷失了方向，所以真正的“上方”很难确定。这时候，你不妨吐一口唾沫，看看它是朝哪个方向落下的，然后你就朝着相反的方向爬，一定要在你窒息之前爬出去，否则会有生命危险的。

哇，好高的冰山！

# 危险无处不在的极地

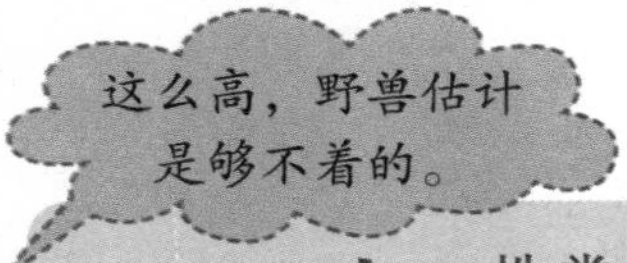

这么高，野兽估计是够不着的。

极地常年被冰雪覆盖，异常寒冷。如果朝户外泼水，你会惊奇地发现，泼在空中的是水，落到地面之后就变成蹦跳的冰块了。那里的风很大，你可以顺风狂飙在广阔的雪原，速度甚至比汽车还快。当然，你唯一需要小心避免的就是掉进冰窟或者撞上冰山。想在童话世界般的雪原顺风疾驰吗？想去领略24小时日不落的异域风情吗？让我们去极地探险吧！

## 埋藏船只的冰山

行走在极地的冰面，可得注意脚下的冰窟窿，因为有可能一脚踏进去之后，就掉进海里再也出不来。更为惊奇的是，那些移动着的冰山，有的可达十几层楼那么高。如果行船经过，可得小心避开，因为无数的探险船只就曾这样被它埋藏。

1914年，英格兰爵士恩纳斯特 · 沙克尔顿率领28名队员挑战南极，试图穿越南极大陆。然而，在冬季来临时，他们的船只“忍耐号”驶进暗藏危险、冰块密布的威德尔海水域。连续几个星期，他们都在大块浮冰中寻找出路，然而努力没有任何结果。到了第二年1月份，“忍耐号”已完全同冰山冻成一体，牢牢卡在冰块之中，无法动弹。几个月之后的某天，伴随着打雷样的响声，“忍耐号”开始断裂，船上的木头呻吟着，在压力下裂开，并向一侧倾斜，队员们火速弃船上岸，巨大的轮船沉入海底。

## 偷食物的北极熊

在北极圈的浮冰上行走，有时会碰见全身雪白、体形庞大的北极熊。它们是北极地带最大的食肉动物，附近生活的小动物们看见它都吓得魂不附体，赶快逃跑。有只海豹在海水中泡了很久，需要上岸透透气，观察四周发现没有危险后，爬出了冰面。可是，躲在暗处的北极熊正偷偷看着这一幕，忽然，它以最快的速度冲过去，一掌将海豹打昏在地，可怜的海豹还没来得及反抗，就成了它的盘中餐。有时北极熊也会趁居民们不注意，翻窗跳进厨房偷食物，它

专门挑肉吃。被发现后，它会迅速逃走，甩下身后敲打着瓢盆吓唬它的人们。如果人们激怒了它，它可能会用力大无穷的熊掌拍碎居民的大门，闯进他们家里去，吃掉所有人。北极熊平时不伤人，但如果它非常饥饿，看见人也照吃不误。

北极天寒地冻，为什么北极熊能适应这种环境呢？原来它平时猎食鱼和海豹，皮下积攒着厚厚的脂肪，能抵御严寒。同时，科学家们还发现它的毛发是中间空心的管状结构，像一根根白色的导管，当红外线等热量传递到它的毛发中时，就被留在空心管中，起到很好的保温作用。

## 在天空舞蹈的妖魔——极光

北极的天空，有时会出现奇形怪状的图案，有的像张牙舞爪的怪兽，有的像伸展着千万条触手的妖魔，而更多时候人们以为是外星人的飞碟。古时的人们，看见极光都非常惊恐，加拿大的因纽特人以为那是地球圆屋顶上的洞中泄漏出的光线，好让死人的灵魂飞出去；还有人觉得这种光线很可怕，它能传播死亡、疾病和战争，最好离它远点儿。其实，这种光线就是极光，只是种自然现象。当太阳中的带电粒子进入磁极附近的大气层时，就会产生电离，从而形成各种耀眼夺目的光线，即我们平时所看见的模样。

极地除了极光外，还有极昼现象。当北半球夏季来临时，北极天空的太阳始终在地平线以上，24小时都不落山。此时的冰雪世界，仿佛被染上橘红的颜色，温暖明亮，连续数月都没有黑夜。这种极昼现象和地球的自转有关，地球在绕太阳转动时，总是带有一定的倾斜角度。当北半球处于夏季时，倾斜的地球北极始终暴露在太阳底下，因此看不到黑夜。

极地有着地球上别处难得一见的奇异景观，也有着无法想象的寒冷和危险，在经历千辛万苦，最终战胜极地的种种危险之后，你会发现大自然的神奇与美妙！

## 有意思的极点

在极点，只有一个方向。如果你站在北极点上，前后左右便都朝着南方，你可以一只脚踏在西半球，另一只脚踏在东半球。你只需花一秒钟在原地转一圈，就可以骄傲地宣称自己已经“环球一周”了。不过，在极点之上，尽管可以“环球旅行”好几周，也会遇到难分时间的麻烦。众所周知，人们把地球按照经线，每隔15度就划分为一个时区，这样全球一共有24个时区，每个时区相差1小时。但是对于极点来说，地球上所有经线都交会在这里，也就是说极点可以属于任何一个时区。更有意思的是，假如在极点进行一场乒乓球比赛，那个小小的球，便一会儿从今天飞到了昨天，一会儿又从昨天飞回今天。

啊，这是什么鬼天气？

# 可怕的极地天气

世界上最冷的地方莫过于南北极。在这些极冷的地区，钢铁也会被冻裂，润滑剂也会结成冰。不仅如此，南北极还有高速刮过的风，它们像匕首般锋利，能划破所经之处的帐篷和动植物皮毛，有时连雪原交通工具——雪地车也能被掀翻。极地虽然被冰雪覆盖，却常年缺水，几乎从不下雨，而且降雪量也少得惊人。那么，你知道极地都是什么样的鬼天气吗？

## 比车速还快的暴风雪

在北极，如果把刚捕猎来的海豹固定在帐篷外，半个小时后你会发现原本油肥脂厚的海豹只剩下空荡荡的骨架，仿佛被饥饿的野兽啃过。可是荒芜的雪原，只有风雪的嘶吼声，看不到任何动物，更没有野兽踏雪的足迹。那么，是谁动了海豹？原来，凶手就是极地的暴风雪。南北极的风非常大，像锋利的匕首。如果帐篷没扎牢，晚上还躺在帐篷里，第二天清晨你会发现自己赤身躺在雪地中，呼呼的大风正从身上刮过，帐篷、衣服早已被吹得不见踪影。极地探险队队员经常被暴风雪困在原地，寸步难行。暴风雪速度很快，有时比汽车还快，刮风的同时可能伴随着雪崩，持续时间长达半月或者数月。很多探险者由于补给不足，最后抱憾死于途中。

极地为什么会有如此大的风雪呢？其实这是因为这里没有树木，常年低温，气压很高。当空气从高气压区流向低气压区时，由于途中缺少树木阻挡，风速会很快增强，变成异常强劲的大风。

## 牙齿打颤的寒冷

两极是世界上最冷的地方。在南极，平均温度达到−49℃，比家里的冰箱还冷上5倍。其中，南极的俄罗斯东方站最低温度曾达到过-89℃，足以把人和动物冻成冰雕。相比较而言，北极要稍微温暖点儿，因为北极周围是大洋，全是海水，能很好地保温，而不致于温差过大。北极夏天的温度可以到0℃，冬天是-30℃。

为什么极地会这么冷呢？其实这和太阳的辐射有关。因为地球是球面的，太阳光线与两极地面形成的角度很大，阳光覆盖很广，光线越来越弱。况且，阳光要走很长的路，穿过厚厚的大气层，才能到达两极。就这样，在到达地面之前，热量被吸收了，或者被大气散射掉了。更要命的是，到达极地的光线被白色的冰反射回去。简单地说，黑颜色吸收热量，而白颜色反射热量。南极大陆上皑皑的白雪将射向地面的光线反射回去，导致天气寒冷，由此形成更多反射阳光的冰雪，如此循环往复。

## 比沙漠还干燥的天气

虽然南极大陆覆盖着冰雪，可是有些地方比撒哈拉沙漠还要干燥。在南极洲的麦克默多湾以西有许多山谷，人们称之为干燥谷。这里异常干燥，空气中没有丝毫的水汽，山谷里已经大约有200万年没有降

过水。它是地球上条件最严酷的荒漠，而且这里是南极大陆唯一没有被冰雪覆盖的地方。南极时速321千米的大风，几乎吹走了所有的水分，只留下光秃秃的不毛之地，植物难以生长，鸟兽绝迹，类似科学家们观测到的火星表面的气候特征。

地理学家认为南极就是荒漠，虽然这里和我们平时想象的拥有沙丘、枣椰树和骆驼的荒漠不一样，但依然是荒漠。地理学家给荒漠的定义是每年的降雨量或降雪量小于250毫米。而南极的降水量只有这个量的1/5。总之，极地的气候像个变幻无常的魔鬼，说变就变，云波诡异，风雪弥漫，令人防不胜防。

## 南极曾有热带雨林

有考古证据表明，南极洲曾像南美洲一样，表面覆盖着热带雨林。科学家们在澳大利亚、南美洲和南极洲的岩石里，找到了相同的植物和动物化石，表明两亿年前这些大陆是连在一起的。令人惊异的是，那时南极被茂密的森林所覆盖，时常有恐龙出没。大约1亿8千万年前，这3块大陆被海洋分开。南美洲和澳大利亚依然温暖，而南极洲漂向南极点，变得越来越冷。

哇！北极在哪里呢？

# 挑战寒冷的北极点

你知道北极点到底在哪里吗？也许你会想，那么寒冷的北极，到处都布满了耀眼的冰块，根本就没有任何的明显标志。不过北极点是可以找到的，尽管这个点每天都在变化，但是并不能阻挡人们想到那里一探的好奇。

## 第一个到达北极点的人

美国探险家罗伯特·皮尔里是第一个到达北极点的探险家。他为了实现自己攀登北极点的理想，很早就开始精心的准备，并多次进入北冰洋。皮尔里在北极探险花费了23年的时间。

1908年6月6日，皮尔里再次率领一支由21个人组成的探险队去北极探险。9月5日，他们的“罗斯福”号探险船驶抵谢里登角，离北极只有约900千米，却被严严实实地冰封在海湾里了。第二年2月22日，皮尔里把探险队员分成3个梯队，向最后一个出发点——哥伦比亚角前进。前两个梯队负

责探路、修建房屋，好让皮尔里带领的第三梯队保持旺盛的体力向北极点冲刺。4月1日，最后一批人员撤回基地，参加最后冲锋的只有皮尔里、亨森和3个爱斯基摩人，当时突击队离北极点还有约240千米的距离。4月5日，皮尔里已到达北纬89度25分处，离北极点只有约9千米了。他们每个人的体力都消耗太大了，两条腿仿佛有千斤重，一步也迈不动了，眼皮也在不停地“打架”。稍作休息后，皮尔里一行勇敢地冲向北极点，终于在1909年4月6日到达北极点。后来，经过专家们的鉴定，他所到达的地点是北纬89度55分24秒，西经159度。皮尔里在那里逗留了大约30个小时后返回营地。

皮尔里的这次北极探险证实了从格陵兰到北极不存在任何陆地，整个北极都是一片坚冰覆盖的大洋。

## 滑雪到达北极点的探险队

1979年3月16日，7名前苏联科学考察者携带滑雪板，从前苏联新西伯利亚群岛的最北部——根里叶蒂岛出发，冒着-30℃的严寒向北，沿途经过了坎坷不平的浮冰群和许多冰裂地带，历时77天，于5月31日到达北极点，全程共1500千米。在整个行

进过程中，除了由飞机为他们提供各种给养外，他们使用的唯一一个交通工具就是滑雪板。这在人类历史上是唯一的一次。

## 潜艇从冰下到达北极点

潜艇能到达北极点吗？1957年，美国海军原子能潜艇“鹦鹉螺”号，在艇长安德森的指挥下，在冰下航行了5天半，到达北纬87度的时候，没有发现很厚的冰层。8月，该艇通过白令海峡北进，潜航到冰下横穿北极，于1958年8月3日到达北极点，并成功驶出格陵兰海

## 会袭击人的北极狐

你知道北极狐吗？其实北极狐还有另外一个美丽的名字——雪地精灵。大多数的北极狐只有在冬天才长出一层厚厚的白色皮毛，其他季节的时候就会变成灰色的。它这种变色的本领可能是为了更好地适应北极的生活吧！它从不冬眠，尽管要在无数个漫长而黑暗的冬季里生存。它只是尽力去寻找一些可以吃的食物，例如旅鼠、落在地上的鸟或者伤病的探险者。

1741年，自然主义者威廉姆·斯特拉的船遇上了海难，大家被困在一个小岛上，其中很多船员都受了伤或生病了。这时，他们便遭遇了成群的北极狐袭击，因为撕咬那些伤病员可比追逐地上的鸟要容易得多。看，一个可怜的人曾陷入与狐狸的争斗，就因为他晚上出门小便而已。

的开阔冰域。美国海军的这艘“鹦鹉螺”号核潜艇远航北极，开创了人类历史上舰船首次驶抵北极点的壮举。同年8月，另外一艘潜艇“鳐鱼”号以北极点为目标，潜航了约4633千米，10天之间浮出海面9次，其中一次准确地突破了北极点。

1963年9月29日，有一艘前苏联核潜艇，在北冰洋高纬度海域冰下航行的过程中，抵达北极点并在那里浮起。这艘核潜艇在抵达北极点前，艇上的仪器探测出北极点附近有一个被薄冰覆盖的面积不大的冰窟窿。潜艇这时已停止前进，而是利用惯性向预定点接近，当恰好到达北极点时，指挥塔撞破了薄冰，潜艇浮出了北极点。

悲壮的生命之歌

# 南极点争夺战

在无数探险中，人们往往只记得“第一”，而常常忽略了“第二”“第三”及许许多多后来者，其实他们也同样伟大。斯科特所率领的探险队就是其中一支值得大家尊敬的探险队，尽管他们是第二支到达南极点的探险队。

## 两支队伍同时向南极点进发

1910年6月，英国皇家海军军官罗伯特·弗肯·斯科特受命率领探险队乘“发现”号船出发远航，深入到南极圈内的罗斯海。当时，挪威人罗阿尔德·阿蒙森也率领着另外一支探险队向南极点进发，两支队伍展开了激烈角逐。

结果阿蒙森队于1911年12月14日捷足先登，而斯科特队则于1912年1月18日才抵达，比阿蒙森队晚了一个多月。更加不幸的是，在返程途中，南极的天气突然变得寒冷起来，斯科特队的供给不足、饥寒交迫。他们在严寒中苦苦支撑了两个多月，最终因体力不支而长眠于冰雪中。

# 挪威国旗升上南极点上空

1910年斯科特率领的探险队到达罗斯岛，在埃文斯角登陆时，阿蒙森的小型南极探险队也来到了罗斯岛另一侧的鲸湾。阿蒙森探险队只有5个人，驾着由52条爱斯基摩狗拉的4架雪橇。他们在鲸湾建起了营地，每向南一个纬度便设一个仓库，存储了大量食品和燃料，为了防止迷失方向，每隔一段距离就在雪地上插一个标竿。

阿蒙森探险队进入南极腹地之后，遇到了重重困难。有一次，一架雪橇掉进了一条冰缝，费了好大力气才把它拖上来。在离南极点550千米的时候，出现了上坡路，暴风雪又不停，怎么办？阿蒙森决定从活着的42条狗中挑选出比较瘦弱的24条杀掉，由剩下的18条强壮的狗拖3架雪橇，只带两个月的口粮，向南极极点冲刺。“一定要赶到斯科特之前到达！”阿蒙森的队员们互相鼓励着。1911年12月14日下午3点，阿蒙森探险队到达了南纬90度，站到了南极极点上，5个人共同把一面挪威国旗升到了极点上空。

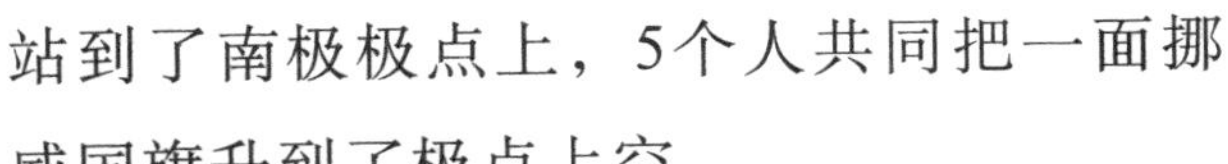

## 斯科特的队伍在暴风雪中艰难挺进

当挪威探险队员在极地庆祝胜利的时候，斯科特的队伍还在暴风雪中艰难地挺进。斯科特选择的是西伯利亚矮种马拉雪橇，但是这种马适应不了南极的严寒，一次又一次陷入雪中，一匹一匹死去，最后只好用人力拉雪橇。暴风雪、冻伤、体力下降，一个接一个的打击向斯科特探险队袭来。1月16日，就在他们胜利在望的时候，队员们却发现了挪威的国旗在前方随风飘扬。显然，对手走到了他们的前边。这个极其沉重的精神打击，几乎使队员们精神崩溃。

“前进!”斯科特吼着。1月18日，斯科特探险队到达了南极极点，并在挪威人的帐篷里发现了阿蒙森留下的信。他们把英国国旗插在帐篷旁边，成了到达南极极点的亚军。

第二天，精疲力尽的斯科特队踏上归途，他们按照科学探险的惯例，仍然沿途收集各类岩石标本，书写探险日记。他们的口粮不足了，有的队员手指甲冻掉了，狂风咆哮着，其中两名队员牺牲了。3月29日，斯科特在

日记中写道："我们将坚持到底，但我们的末日已经不远了。这是很遗憾的，恐怕我已经不能再记日记了。"

他们最终没有回来。大约过了一年以后，人们在斯科特遇难的地方找到了保存在睡袋中的3具完好的遗体，并就地掩埋，墓地里矗立着人们专门为他制作的十字架。

## 斯科特的日记

人们在斯科特的遗体旁边，意外地发现了他写的日记。其中有一篇这样写道：

1月27日，星期六

我们在暴风雪肆虐的雪沟里穿行了一个上午。这令人讨厌的雪拱起一道道浪，看上去就像一片汹涌起伏的大海。威尔逊和我使用滑雪板在前方开路，其余的人步行。寻找路径是一件艰巨异常的工作……我们的睡袋湿了，尽管湿得不算太快，但的确是越来越湿。我们渐渐感到越来越饿，如果再吃些东西，尤其是午饭再多吃一点儿，那将会很有好处。要想尽快赶到下一个补给站，我们就得再稍微走快一些。下一个补给站离我们不到60英里，我们还有整整一个星期的粮食。但是不到补给站，就别指望能真正地饱餐一顿。我们还要走很长的路，而且这段路困难重重……

这就是死亡角吗？

# 麦哲伦环绕地球一周

15世纪以前，世上没有人相信地球是圆的。直到麦哲伦第一次环球航行结束，人们才认识到，无论从西往东，还是从东往西，毫无疑问，都可以环绕地球一周回到原地。

## 浩浩荡荡的船队出发了

1519年9月20日，麦哲伦率领一支由200多人、5艘船组成的浩浩荡荡的队伍，从西班牙塞维利亚城的港口出发，开始了环球远洋航行。

刚开始相当顺利，仅仅6天时间，他们就到达了位于北大西洋东部的加那利群岛。可就当船队在这里补充淡水和食品的时候，一艘小船快速地驶来。来人交给麦哲伦一封密信，麦哲伦从密信中得知，远航船员中有个别人上船前曾扬言，一有机会就中止远航

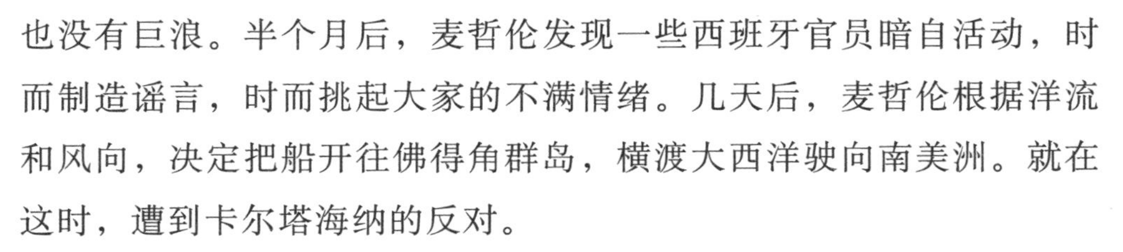

或杀掉麦哲伦。麦哲伦很镇定，不慌不忙地烧了密信，指挥船队起航继续前进，同时留心观察周围的一切动静。

在行驶的十几天中，海上几乎没有狂风暴雨，也没有巨浪。半个月后，麦哲伦发现一些西班牙官员暗自活动，时而制造谣言，时而挑起大家的不满情绪。几天后，麦哲伦根据洋流和风向，决定把船开往佛得角群岛，横渡大西洋驶向南美洲。就在这时，遭到卡尔塔海纳的反对。

麦哲伦无法说服卡尔塔海纳，就采取了果断措施，逮捕了他，让麦斯基塔担任船长。两个月以后，麦哲伦率领的船队顺利地横渡了大西洋，来到南美洲巴西海岸，并花费了两个多月时间寻找通向“大南海”的海峡。尽管他们耐心地寻找，仍然是一无所获。海峡在哪里呢？他们找不到。此时，南半球的冬天来临了，气候变得不宜于航行了。麦哲伦考虑再三，决定在当地停船休整，度过寒冷的冬天。过程中有很多人闹事，都被麦哲伦一一平息了下来。

## 通过麦哲伦海峡，到达太平洋

1520年8月24日，船队重整旗鼓，从圣胡利安港湾出发，继续向南航行。又走了将近两个月，在南纬52度的海岸，发现一个海口。派去勘察的人带回一个让人惊讶的消息。他们说进入海口，水一直是咸的，没有遇到淡水（从陆地流入海洋的水是淡水），而且水流很急。麦哲伦一听，意识到他们找到海峡了。这条海峡东通南大西洋，西连南太平洋，长约580千米，后来被命名为麦哲伦海峡。

就在麦哲伦兴奋地率船队在海峡中摸索前进时，被派去探航的圣安东尼奥号上的主舵手哥米什看到海峡浪高风大，加之对前途信心不足，就集合了一些人扣押了船长麦斯基塔，掉转船头返回了西班牙。来时的5艘船，其中圣地亚哥号遇难沉没，现在又走了1艘，剩下3艘船，在麦哲伦的指挥下继续前进。28天以后，也就是1520年11月28日，在他们面前突然出现了一片浩瀚的大海，他们真的来到了“大南海”！驶出麦哲伦海峡，舰队向西北方向行进。3个多月的航行，竟然没有遇到一次大风浪，海面平静极了，真是一个奇迹！所有的人都说：“这真是一个太平的海洋！”

从此，“太平洋”这个名称就被用到现在。其实，太平洋也并不都太平，只不过麦哲伦船队航行的三四个月里风浪很少，其他时候的风浪一点儿也不比大西洋小。

## 横渡太平洋

漫长的横渡太平洋之旅开始了，船上的饮水开始变质发臭，而且每人每天也只能分上一小杯；储存的饼干里被掺进了很多土和老鼠屎；加上长期缺乏蔬菜，许多人牙龈化脓，全身浮肿，得了坏血病，还有的船员因病死去。

在这生死关头，1521年3月6日，船队抵达北太平洋的关岛，在那里补充了水果、鱼、猪肉等食物和水，船员们的身体渐渐地康复了。至此，麦哲伦已经在太平洋上航行了3个月零20天，漂泊了9000海里。他们继续向西航行，一周后，他们来到了菲律宾群岛。岛上的土著人热情地接待了他们。麦哲伦则用带来的货物换取了昂贵的香料。可是后来在一次战斗中，麦哲伦被杀死了。

麦哲伦死后，船员们并没有放弃，他们再次启航，继续向西航行。最后，麦哲伦船队中唯一幸存的维多利亚号于1522年9月6日载着幸存的远航者，历时1080天，航行46280海里，返回了西班牙，出发时的200余人只有18人平安回家。

### 地球是圆的，还在不停自转

船队在到达佛得角群岛时，上岸购买食物的水手回来后，告诉船上的史学家比加费德一件事情：“岛上的葡萄牙人说，今天是星期四。”比加费德百思不得其解，他一直在记航海日记，记录清楚地表明今天是星期五。当时，他们还不知道，以一定航向绕地球一周，要么多一天，要么少一天。原来，地球不仅是圆的，而且还在不停自转。如果总是向着日落方向航行，绕地球一周之后，就会少一次日出与日落。

# 突然出现又突然消失的幽灵岛

在关于海洋的神话传说中，那些居住着神仙的岛屿让人难以捉摸。也许你今天去，它在这个位置，而到了明天，它就会换一个完全不同的位置了。事实上，在茫茫的大海之上确实存在着这么一种来去无踪的岛屿，科学家们把这种岛屿称为“幽灵岛”。

## 伴随着巨大的水柱，神秘的小岛突然诞生

在1831年7月10日，一艘意大利商船在地中海上漂泊着，船上满载着从非洲掠夺来的货物，他们要把这些货物运送回意大利去。本来，这是一次十分平常的航行，然而当这艘船行驶到西西里岛附近时，突然发生了一件奇怪的事情，立即让他们的这次航行变得声名鹊起。在不远处的海面上，海水就好像是煮沸了一样翻腾起来。紧接着，一股直径约为200米的水柱骤然喷出，足有六七层楼房那么高，不过这水柱也就是昙花一现罢了，因为没过多久，这道水柱就变成了一团烟雾弥漫的蒸汽，一直升向了高空之中。船长及其船员们从未见过如此壮观的景象，不禁都惊得目瞪口呆。当时，一位船员曾在自己的日记中这样描述：“那是一种我从未见过的情景，无法想象，当时的整个海面都沸腾了，就好像是有一团大火在不断地烘烤着整片海洋一样。巨大的水柱冲天而起，就像是一条倒卷上

天的瀑布一样，可怕极了！”

不过，由于这艘船还有任务，并且船上的给养也快不足了，因此他们并未在此多作停留，很快便离开了。可当他们8天后返航，再一次经过这片海域的时候却惊讶地发现，这里不知是从什么时候开始，竟然多出一个仍然冒着浓烟的小岛。在这个小岛的周围，还漂浮着许多红褐色的浮石和大量死鱼。而且，这个小岛还在随后的10多天里不断地扩张，周长扩展到将近5000米，高度也和著名的比萨斜塔差不多了。

## 离奇消失又突然出现的小岛

在那个伴着巨大的水柱，突然神秘诞生的小岛所在的海域，东部可以迎接来自苏伊士运河的船只，西部可以到达西班牙和法国，北部是意大利，可以说是一个航运繁忙、地理位置十分重要的地方。因此，就在这个小岛突然出现的消息广泛传开以后，邻近

的各国开始纷纷派人前往调查，以争夺这个小岛的主权。

然而，就在各国代表为了小岛的主权归属问题吵得不可开交的时候，这个小岛竟然开始莫名其妙地缩小了。在小岛生成后的一个多月的时间里，它就已经缩小了87.5%，而过了两个月以后，当一组地质学家专程前往考察时，在那里等待着他们的，就只剩下了一片汪洋。不过，这座小岛却并没有真正的消失，在以后的日子里，这座小岛就像是一个顽皮的孩子一样，时不时地蹿出水面，然后又突然消失。人们最后一次看到这座小岛是在1950年，当它再一次戏耍人们之后，就又悄悄地消失了。时至今日，都没有能够再一次的出现。

## 由火山喷发出的岩浆凝固而成的幽灵岛

其实，幽灵岛并不是地中海独有的，在太平洋和大西洋的茫茫大海上，也存在着许许多多不知名的幽灵岛。而对于这些幽灵岛的形成原因，人们都是一知半解。于是，一位立志要解开幽灵岛奥秘的美国海洋地质学家，就乘船来到了地中海。不过，也不知道是他一直默默的祈祷，使上帝发了善心还是其他原因，就在他所乘坐的船只到达幽灵岛的附近海域的时候，正好碰到那座幽灵岛的再次出现。与记载完全一样，

海水沸腾，巨大的蒸汽烟雾直冲向苍穹，红褐色的浮石飘浮在海面，许许多多海鱼被烫死在海水之中。看到这样的情景，这位海洋地质学家突然在脑海中描绘出了这样的一副画面：在那黝黑的海底，一个巨大的海底火山口正在进行猛烈地喷发，大量红色的、能让金子熔化的岩浆喷涌而出，一下子就把海水给煮开了。这些滚烫的海水不断翻滚着，化作水蒸气冲向了天上。而在海底，那些岩浆在海水的作用下被不断地冷却。随着被海水冷却凝固的岩浆越积越高，最终形成了一座浮出水面的幽灵岛。

## 如果地壳活动剧烈，日本很有可能沉没

《日本沉没》是一部在日本几乎家喻户晓的电影，讲述的内容就是在未来的某一天里，当地壳活动到达了一个高峰期时，强烈的地震将日本四岛的根基破坏，所有的日本国民逃生和重建的故事。虽然，《日本沉没》只是一部灾难电影，但是其讲述的科学道理却是真实可信的。根据一位美国海洋地质学家的研究显示，如果有一天，太平洋板块和亚欧板块再次产生漂移，从而使日本四岛的地下形成某种地壳空洞的时候，整个日本也许就会遭受到和“幽灵岛”同样的命运，就像电影里描述的那样，在剧烈的摇晃中，沉没在那碧波万顷的大海之中。

哇，魔咒真的能应验吗？

# 传说中有去无回的根哈岛

世界上奇怪的岛屿很多，在土耳其西南部就有一个叫做根哈岛的岛屿。关于美丽的根哈岛一直流传着一个可怕的传说——如果有陌生人来到岛上就一定会死亡。可是，在岛上居住的居民却没有任何危险，他们依然安全地度过生命中的每一天。传说越是可怕，就越激起爱好者要去一探的好奇之心，可是几乎所有的生命都是有去无回，这到底是怎么回事呢？

## 敢独闯“恶魔岛”的生意人

王茂是一个专做海产品生意的华人，在土耳其的一次商务考察结束之后，他想到海上去看看。一位上了年纪的男向导听说王茂要去根哈岛，顿时吓得脸色都变了，急忙劝他说：“根哈岛可是有‘恶魔岛’之称，一般陌生人要是去了，十有八九都会没命。”可是王茂已经对根哈岛产生了兴趣，于是找到一艘从根哈岛开来的船。令人出乎意料的是，船长竟然答应了他的请求。

船长是个热情的根哈岛人，他邀请王茂到家里做客，王茂欣然接受。为了给王茂接风，当天晚上，船长一家准备了丰盛的晚餐，其中有一种加了调料的生鱼片，它引起了王茂的注

意。因为这个生鱼片的味道实在是太苦了，并且还带着一种无法形容的臭味，熏得王茂直想吐。刚张开嘴还没等吃，胃里就已经开始难受了。可是看着大家都吃得那么香，王茂只能硬着头皮吃了一点儿，还好没有吐出来啊！

## 意外亵渎石神，遭遇可怕魔咒

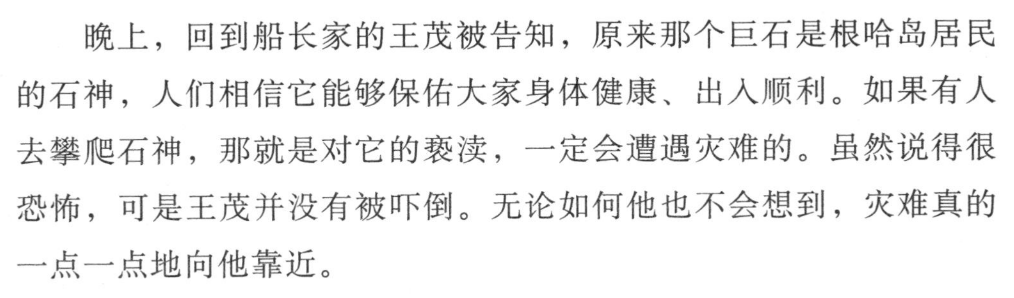


来到船长家的第二天，船长的儿子就带领王茂绕岛而行。毕竟没有来过根哈岛，对于周围的一切，王茂很感兴趣。突然，他发现了一个巨大的礁石，形状看起来就像一个少妇，在她怀里抱着一块像鱼一样的石头。王茂很感兴趣，于是爬上了那块石头。可是，船长的儿子顿时露出了惊恐之色，转身跑回家里去了。

晚上，回到船长家的王茂被告知，原来那个巨石是根哈岛居民的石神，人们相信它能够保佑大家身体健康、出入顺利。如果有人去攀爬石神，那就是对它的亵渎，一定会遭遇灾难的。虽然说得很恐怖，可是王茂并没有被吓倒。无论如何他也不会想到，灾难真的一点一点地向他靠近。

刚吃过晚饭，他就发现身上起了一些疙瘩，等到了深夜，疙瘩变得越来越多，而且奇痒难忍，怎么抓、挠都没有用。等到等二天，他的身上已经长出很多红斑了，并且越来越痒，还伴有很强烈的疼痛感。当天晚上，他的身体开始浮肿，身上开始红肿溃烂，皮肤里面甚至开始往外流出黏糊糊的脓。实在是太恶心，太可怕了。王茂不解地问船长，为什么只有自己得怪病，而其他人都没有？船长很无奈地说："大家都是世代生活在这儿，谁都没有看过这样的毒疮，一定是'魔咒'在作怪。"

王茂的身上开始不停地渗出血，瘙痒也越来越厉害，而且赶上天气骤变，船只无法出海。王茂感觉得到死亡正在慢慢向他靠近。

## 误被食人鱼救命，解开根哈岛神秘的谜底

王茂并不甘心自己就这样死掉，于是想出外看看天气。可是由于身体太虚弱，他一下子栽进了身后的水池里。狼狈的王茂挣扎着，可是突然感觉有东西咬他，船长告诉他那是食人鱼。食人鱼疯狂地向王茂扑来，虽然他吓得直哆嗦，不过被鱼咬过的地方舒服多

了，而没被咬到的地方依然瘙痒难忍。几天后，他身上的红肿全部消失，而且还长出了新肉。时间慢慢过去，王茂的怪病也一点点好了起来。在离开根哈岛之时，他下定决心要查明白自己得怪病的原因。

后来，经过王茂的调查和海洋生物学家的研究，终于揭开了根哈岛百年的魔咒。原来，根哈岛有不同于其他地方的温度和湿度，这样很容易导致一种病菌产生变异，而且它的毒性极强，人一旦感染上了，死亡率很高。不过，专家们在食人鱼的体内找到了一种能抑制和杀死该病菌的物质。而王茂也就是被这种鱼所救。

## 可怕的“死神岛”

世界之大，无奇不有。在加拿大的东岸，就有一个叫做世百尔岛的孤岛。岛上寸草不生，而且也没有任何动物，光秃秃的，看起来就像个巨大的石头。令人不解的是，每当有轮船靠近小岛的时候，船上的指南针就会突然失灵，整条船就会被一种莫名的力量牵引靠向小岛，感觉就像着了魔一样。更可怕的是，船只会触礁沉没，就像有魔鬼在操纵一切似的。所以，这个岛被人们称为“死神岛”，令很多航海家望而生畏。

我就是传说中的幽灵船。

# 谜一样的幽灵船

蔚蓝的大海不但美丽壮观，而且神秘。在茫茫的大海上，各种各样奇怪的事从未停止发生过。你听说过“幽灵船”吗？这些船像幽灵一样毫无目标地漂在海面上，偶尔消失，偶尔出现。虽然船身完好无损，可是船上的人却消失得无影无踪，这到底是怎么回事呢？

## 消失又再现的神秘船只

1848年，在大西洋百慕大群岛制造的米涅鲁巴号帆船，在第一次驶向非洲和远东的过程中，竟然一去不返。人们不间断地搜寻了两年时间，仍然没有任何消息，几乎可以确定它是出了事故，葬身海底了。

随着时间的流逝，人们慢慢地淡忘了曾经发生过这样的事。三年后的一天早晨，这艘船竟然奇迹般地出现了。可令人们惊讶的是，船上竟空无一人，并且船身看起来已经伤痕累累，仿佛经历了很多磨难。这艘船是怎样经过两年时间的漂流回到自己故乡的呢？一直到现在，也没有人知道这究竟是怎么回事。

# 遭遇幽灵船的“艾伦·奥斯汀”号

1881年底，美国快速机帆炮舰“艾伦·奥斯汀”号的水手遭遇了一件奇怪而可怕的事。那天是12月12日，正在北大西洋巡查的奥斯汀号发现了一艘随风漂泊的帆船。从远处看，船上毫无生气，连个人影儿都看不到。于是，船长便下令让助手乘着小艇去查看一下。当他们慢慢地向帆船靠近时，逐渐看见了船的样子，船名已经模糊不清了。登上船之后，发现船内一切正常，甚至船上的货物都原封未动。水、食物也都应有尽有，可是就是看不到一个人影。

船长决定将这艘船带走，于是他竭尽全力说服几个有经验的水兵留在船上，由奥斯汀号拖着这艘船航行。一路上，除了这艘无名船总是散发出一丝恐怖气息外，其他都风平浪静。就在离海岸还有3天路程的时候，突然海上刮起了大风，感觉像有种神奇的力量在撕扯着，最后船的缆绳断了，在茫茫的黑夜，两艘船彻底失去了联系。

到了第二天，奥斯汀号发现了失踪的帆船，可是发出了联络信号后，却得不到任何的回应，而船长派去的水手们也消失得无影无踪，没有留下任何痕迹。

船长并没有被这艘“奇怪”的船吓倒，依然坚持要将它拖回国。于是，他用重金雇佣了几个人回到船上去。临行前，船长还一再嘱咐到：“只要跟着奥斯汀号，一切都没有问题。”可是，渐渐地，奥斯汀水手突然发现，他们无缘无故又偏离了航道，而后面拖着的船早就消失得无影无踪。无论大家怎么寻找，也没有找到关于这艘船的任何痕迹。这艘船到底去了哪里我们不了解，究竟有多少人从这艘船上消失我们更无从得知。

# 幽灵船的人到底哪里去了

幽灵船上的人到底哪里去了，一直是一个谜。难道他们真是被可怕的幽灵带走，去了另一个世界或者时空吗？答案当然是否定的。很多科学家分析说，是海洋的次声波造就了无人船。当风暴和强风来临的时候，很容易就会产生一种次声波，这种次声波杀伤力非常的强，可以使人疲劳、痛苦，严重的会使人失明，甚至会导致人死亡。或许你会说，活见不到人，死也要见到尸体啊！可能是因为次声波很容易让人产生恐惧，于是人都跳进海里解决痛苦，所以就形成了无人船。可是为什么遭遇了如此大灾难之后，很多船还完好无损，甚至看不出任何挣扎的痕迹呢？毕竟所有的说法只是猜测，凡是经历过的人都没有留下任何的线索，所以幽灵船的谜还是要等到未来才能解开！

## 莫名的水柱，将船只击沉

1965年4月29日，在距离阿都里海边大约7000米的海面上，突然冒出一个巨大的水柱。只见这个水柱直径在1米左右，当时正好有一艘希腊货船从水柱上方经过，巨大的冲击力将它冲上了十几米的高空。船员们在不知道究竟发生了什么的情况下，被送向空中。大家惶恐万分，船长马上发出了请求支援的信号，这时候海水像暴雨一样倾倒下来。不久，水柱开始一点点降低，所有船员都被抛出了船。救援人员及时赶到，船员们保住了生命，可是这艘巨型货船却沉入了海底。而这个莫名的大水柱究竟从何而来，一直无人知道。

# 让人无法呼吸的湖水

湖水杀人？听起来似乎很正常，因为不管是什么人，只要掉进湖中，都有被溺死的可能。可是，在太平洋巴布亚新几内亚的一个岛屿上，有一个茨基湖。相传，人们只要站在湖边，就很有可能莫名其妙地痛苦死去。世界上真的有这样奇怪的事？

## 莫名其妙地呼吸困难，几乎要昏死了过去

茨基湖是一个奇特的火山湖，虽然它内部的岩浆活动已经持续了数百年，而且山口还经常冒出白烟，却一直没有喷发，让人疑惑不解。因此，同是海洋火山学家的奇尔顿和赖钦两兄弟为了考察研究，便在2002年的8月初，启程去往了茨基湖。

8月19日，天气很好，山口也没有冒烟，两兄弟来到茨基湖的湖边。他们有着明确的任务分工，哥哥奇尔顿的任务是考察茨基湖，可是当他带上仪器划着橡皮艇来到湖中心的时候却突然发现，由于电池受潮，用来探测湖水深度的声纳仪根本无法工作。不过，聪明的奇尔顿想了一个好方法，他将一块大石头搬上橡皮艇，根据石头落入湖水以后的回声，一样可以准确地测量水深。这个时候，弟弟赖钦正在考察火山口的情况，突然间，他感觉胸口一阵发闷，呼吸困难，双腿就像灌了铅一样沉重，根本无法挪动分毫。他拼命地张大嘴巴，却发不出一丝声音，就在眼前发黑，几乎要昏死过去的时候，一阵凉风吹来，他就又神奇地恢复了正常。

# 哥哥奇尔顿毫无头绪地突然猝死

对于突然出现又消失的感觉，赖钦十分奇怪，回到茨基湖边，想问问哥哥到底是怎么回事。然而这时，他看到了怎么也想不到的情景：哥哥睁着大大的、通红的两只眼睛，舌头长长地伸出，同时双手紧紧地抓住喉咙，好像有什么东西堵住了喉咙，无法呼吸。赖钦摸了摸奇尔顿的胸口，已经没有了心跳。后来，赖钦通过手机报了警，通过法医的技术认定，哥哥奇尔顿身上既没有任何的伤痕，

也没有发现任何导致猝死的心脏病和高血压等等。最后，奇尔顿的死因竟然被认定成莫名其妙的窒息。经过与当地警察的交谈，赖钦发现，在茨基湖附近的30多例猝死事件中，有六成以上都是发生在无风的时候，受害者往湖中抛下重物后窒息而死的。由于死因不明，于是哥哥奇尔顿被认定为是“意外死亡”，而不是光荣的“以身殉职”。为此，弟弟赖钦悲愤不已，他不能让哥哥死得不明不白，并在心中对自己发誓，一定要找出杀害哥哥的“凶手”。

## 湖底涌出众多二氧化碳致人死亡

赖钦仔细回顾了这一事件的全过程，特别是从当地警察那里了解到的信息。他觉得，哥哥很有可能是吸入某种毒气而死的。于是，他再一次来到茨基湖，并且全副武装潜入了湖底。在这里，他看到了许多大小不等的洞口，并且每个洞口都在往外冒着

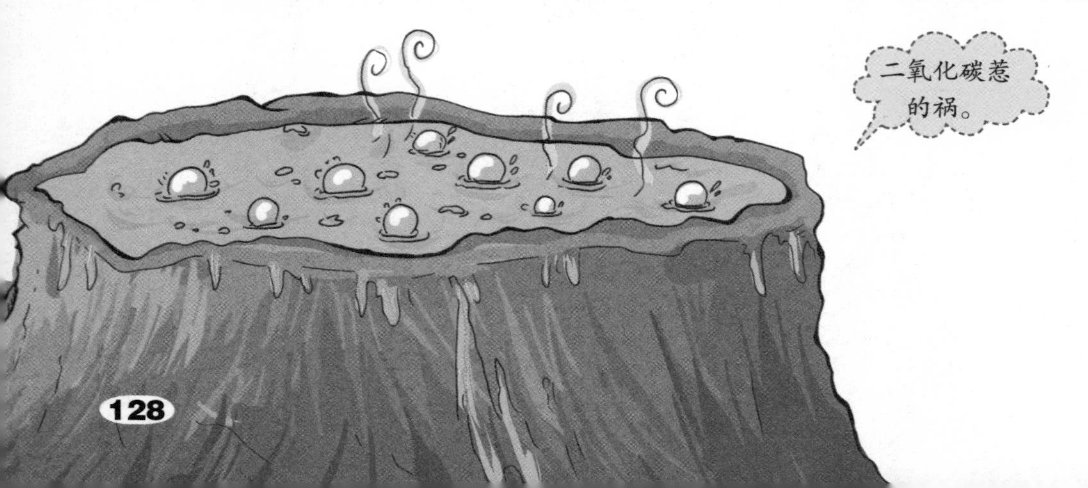

一串串水泡，然而这些水泡却不是直接上升到水面的，而是在距离湖底3米的地方，被一层看不见的东西挡住了。赖钦冷静地将这里的水样装进了随身携带的玻璃瓶，并带回研究所。经过化验后他发现，从湖的底部洞口溢出的水泡中，含有浓度非常高的二氧化碳。而我们都知道，人体是需要呼吸氧气来维持新陈代谢的。因此一旦空气中的二氧化碳超标的话，那么就很有可能造成肺部细胞被二氧化碳所阻隔无法吸收进氧气，这样一来，就会造成人的窒息死亡。茨基湖底的这些二氧化碳不能直接上升到水面上，因为被一层沉积在湖底的有机物拦住了去路，那天哥哥奇尔顿扔下的石头，却正好将这个有机物形成的隔离层砸开了一个洞。于是，大量二氧化碳争先恐后地从破洞中涌了出来，造成了哥哥奇尔顿的死亡。而弟弟赖钦，则是由于一阵风吹散了这些喷涌而出的二氧化碳，保住了性命。

### 湖光岩——可以治病的火山湖

如果说茨基湖会杀人的话，那么，位于我国湛江市的湖光岩——玛珥湖，则会救人。在这里，湖水含有大量的微量元素和矿物质，根据联合国以及中科院的专家鉴定，湖光岩的火山泥不仅具有抗衰老的作用，还能治疗30多种疾病，其中对高血压、关节炎和皮肤病的治疗效果最好。在2000年的时候，曾经有一位72岁的老人来到湖光岩附近住下，没想到3个月之后，这位老人的满头白发竟然有2/3变成了黑色，就连困扰他半辈子的皮肤病也奇迹般的痊愈了。受到这位老人的影响，现在很多人为了治疗身上的顽疾，还专程到湖光岩去。

# 闻名全球的大探险家——植村直己

1941年2月12日，植村直己出生在日本长泽县一个普通人的家庭里。谁也没想到，几十年后，他成为了日本人心目中的英雄，同时也铭记在全世界所有崇尚勇敢、爱好探险的人们心中。他成功登上过珠穆朗玛峰，只身漂流过亚马孙河，一个人到达过北极点。这位日本探险家是怎样获得成功的呢?

## 登上一座又一座险峻的山峰

植村直己在日本曾用52天时间，从最北端徒步走到最南端，行程3000余千米。其间他常常是一手拿着英语读本，边走边念；一手拎着一条毛巾，边走边擦汗，每天平均走58千米。所以才锻炼出这么优秀的体魄和坚定的毅力。

植村直己上大学的时候，参加了大学里的登山队，真正开始从事自己向往的登山探险活动。在大学几年的寒暑假中，他已经登遍了包括海拔3776米的富士山在内的日本所有著名山峰。1966年10月，25岁的植村直己独自前往坦桑尼亚，顺利地登上了海拔5963米的非洲最高峰——乞力马扎罗山。接着，他又到地球的另一边，登上了位于智利境内的南美洲最高峰阿空加瓜山，这座山峰高达6960米。1970年5月11日，植村直己成为日本第一个攀上亚洲最高峰，也是世界最高峰珠穆朗玛峰（8844.43米）的人，并载入史册。

植村直己在近十年的时间里实现了自己攀登五大洲最高峰的志向，除了珠穆朗玛峰外，其余的登山活动都是他一个人独自完成。其中，他还攀登了古希腊神话中被称为“神山”的阿尔卑斯山的最高点勃朗峰。

## 独自漂流亚马孙河

植村直己登上了那么多险峻的高峰，1968年的4月，他决定做一次水上的探险尝试——乘木筏独自漂流亚马孙河。

植村直己找到当地的农家，用他们圈马的圆木扎了一只木筏；用那些宽宽大大的棕榈树叶，为自己在木筏上搭了个可以栖身遮雨的窝棚。接着，他又准备了一些锅、碗、炉子等炊具。4月20日，一切准备就绪，植村直己的亚马孙河独身探险开始了。

在亚马孙河里，有一种能把落水的人和动物吃得只剩下骨架的鱼，这种鱼虽然凶猛，但是味道鲜美。植村直己常小心翼翼地将它们捕捉上来当作食

物，但是需要很集中精力，否则一旦木筏翻倒，自己落入水中，就会葬身鱼腹。最可怕的就是亚马孙河流域的蚊虫，这些蚊虫一见到人，就一团一团地扑过来，直往植村直己的鼻子、耳朵里钻，不一会儿就把他的脸叮得又红又肿。要是他打个哈欠，这些蚊虫还会钻进他的嘴里去叮咬，真是太可恶了！

植村直己还遇到过强盗和数次的暴风雨，在漂行了整整60个昼夜，航程6100多千米之后，终于到达了巴西境内大西洋岸边的亚马孙河入海口——马卡帕港。至此，他成功地征服了亚马孙河。

## 只身到达北极点

1978年，植村直己只身探险北极。他坐上由17条狗拉的雪橇，从加拿大的北极群岛埃尔斯米尔岛北端的哥伦比亚角出发，开始了向北极的远征，行程约900千米。他携带了一部

收发报机，以便进行联系。同时，还从气象卫星那里定期获得天气预报。在探险期间，他采集了极地的冰、雪和空气标本，进行了科学研究。加拿大的飞机按预定地点和日期为他设了10个空投点，空投补给品。尽管有这些现代化的技术装备，这次探险仍是极其艰难惊险的。10多米高的冰山有时挡住了他前进的去路，北极熊时常对他进行袭击，−40℃的严寒和暴风雪，特别是冰块的漂浮和破裂经常严重威胁着他的生命安全。终于在5月1日，植村直己到达了北极点，8月22日回到格陵兰。

## 葬身于麦金利峰

位于北美洲北部的麦金利峰，海拔6193米，是北美洲最高峰，也是这个大陆最寒冷的山，比喜马拉雅山还要冷。1970年8月，植村直己独自登上了这座高峰，但是他还想创造冬季攀登麦金利峰的纪录。

植村直己1984年2月12日登顶成功，但他在下山途中，麦金利峰的天空突然刮起了每秒100米的大风，气温低达−40～−50℃。植村直己不幸遇难。人们进行空中搜索时，在4360米处找到他的雪鞋、一根竹竿和一根滑雪杖。除此之外，没找到任何有人类生命的迹象。

# 走向太空

在人类生活的地球周围，环绕着一层无边无际的大气，它高深幽远、神秘莫测。多少年来，许许多多勇敢的探险家都想到太空去探险，也有不少人为此付出了沉重的代价。

## 挑战者号爆炸

航天飞机是往返于太空和地面之间的航天器，有了它，人们就可以了解太空的奥秘。航天飞机可以重复使用，就像连接于城市之间的火车一样，它把卫星带到太空，放置在预定轨道上，其自身携带的空间实验室又为科学工作者提供了新的实验领域。航天飞机的诞生，标志着航天事业发展到一

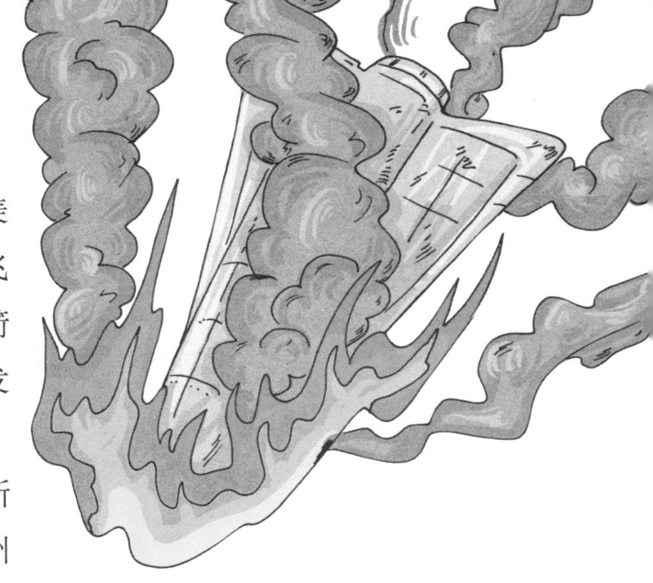

个新的阶段。

1986年1月28日上午，在美国佛罗里达州，挑战者号航天飞机矗立在高大的卡纳维尔角火箭发射场上，准备进行第十次发射。7位宇航员全部进入机舱，其中有一位女性，她叫克里斯塔·麦考利夫，是新罕布什尔州康科德中学的一名数学教师。她是1.1万名太空探险申请者中，经过数十次严格检查后脱颖而出的唯一幸运者。

美国东部时间中午11点30分，指挥中心发出命令：点火升空。随即火箭底部被点燃，在隆隆的巨大响声中拖着火柱缓缓上升。

但是，不幸发生了——火箭刚刚飞行75秒钟以后，在以3倍音速到达约16.4千米的高空时，突然起火爆炸。天空中先是出现一个巨大的火球，瞬间，白色的航天飞机在闪光中分裂成大小不一的碎片，向四周迸发出去。碎片在发射场东南方30千米的地方散落了一个小时之久，价值12亿美元的航天飞机顷刻化为乌有，7名机组人员全部遇难。多么残酷啊！2月3日，美国宣布成立失事调查委员会，调查造成这次灾难的原因所在。

后来，事故调查委员会查明，造成这次悲剧的原因，仅仅是因为火箭助推器上的一个小小的密封橡胶圈老化。这次血的教训警告人们在探险活动中必须仔细，再仔细！

## 哥伦比亚号让历史重演

挑战者号的失事，并没有摧毁和泯灭人类探索太空的信心和勇气。挑战者号的姊妹们——哥伦比亚号、发现者号、亚特兰蒂斯号以及后来接替挑战者号的奋进号，依然义无反顾，一艘接着一艘地飞向那遥远的太空。

哥伦比亚号航天飞机1981年4月12日首次发射，是美国最老的航天飞机。2003年1月16日，哥伦比亚号进行了它的第28次飞行，这也是美国航天飞机22年来的第113次飞行。此时，距离挑战者号失事，已经整整17年了。

哥伦比亚号本次飞行总共搭载了6个国家的学生设计的实验项目，其中包括中国学生设计的“蚕在太空吐丝结茧”实验。7名宇航员包括第一位进入太空的以色列宇航员拉蒙和两位女性。

2003年2月1日，哥伦比亚号航天飞机在结束了为期16天的太空

任务之后，返回地球。在哥伦比亚号着陆前16分钟，突然在空中解体，解体的哥伦比亚号在得克萨斯州上空划出了数条白色的轨迹，7名宇航员全部罹难。

2008年12月30日，美国宇航局关于哥伦比亚号航天飞机失事的最终调查报告出炉，结果发现，发射升空时航天飞机外部燃料箱泡沫绝缘材料脱落击中了左翼，给返航埋下隐患。

## 发现者号胜利升空

挑战者号的失利，使得航天飞机停飞了将近3年的时间。在1988年9月，还是在佛罗里达州的卡纳维拉尔角发射场上，发现者号航天飞机再次升空。100多万观众和5000名记者在现场观看，但是，在火箭点火升空的瞬间，发射场上只有火箭的轰鸣声，人群中一片寂静。当指挥中心宣布“发射成功”时，人们才发出由衷的欢呼声。5名宇航员释放了一颗卫星，并完成了几项科学实验，这标志着人类对太空的探索再次走上正轨。1990年4月24日，发现者号将哈勃太空望远镜送上轨道，人类从此可以观察到遥远的宇宙了。

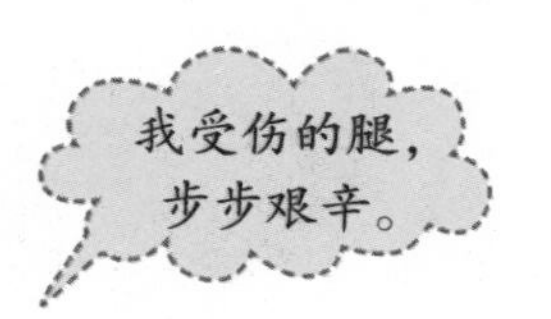


啊！危险无处不在呀！

# 太平洋河流——美国西部探险

1803年，取得独立战争胜利的美国，从拿破仑手中购得路易斯安那地区，可是殖民者仍然占领着这些地区西部的大片领土。为开发西部，促进那里的贸易和移民，美国总统派遣两位年轻的军官，对这些地区进行探索。他们沿河逆流而上，历时数年，最终到达西海岸的太平洋。沿途有很多美丽的风景，但也充满凶险，他们是怎么化险为夷的呢？让我们跟随他们的脚步去探险吧。

## 丛林中的疾病

1804年5月，两位年轻的军官率领全副武装的43名士兵，其中包括两名懂印第安语和西班牙语的翻译，开始他们的探索之旅。从密苏里河畔的圣路易斯小镇出发，起初沿途风平浪静，两岸风景美不胜收。他们穿过起伏不平的绿色草原，那儿成群的野牛在悠闲地散步。可是好景不长，西班牙大使得到了他们开拓领地的消息，于是派遣西班牙总督逮捕他们。这位总督得到消息后，煽动与他们结盟的印第安人去杀死这两位年轻的军官刘易斯和克拉克，所幸的是两位军官早已察觉到威胁而提前上岸了。

当时正值夏季，茂密的丛林里纷飞着无数蚊虫、苍蝇，探险队员需要小心地避开丛林中的毒蛇猛兽，他们用刀砍断遮挡的树木，并挥舞着树枝驱赶蚊虫。可是几天后走出丛林时，每个人的皮肤上都被叮咬出斑斑点点的伤口。接下来的日子，有部分队员发高烧，并汗流不止。幸亏他们早有防备，带有足够的药物，然而仍有一名队员因高烧不退，加上那时虐疾横行，不久后重伤不治死亡。行程刚刚开始，就有队员牺牲，每个探险队员的心里都笼罩上阴影，他们艰难地迈着脚步，走向前方未知的河流源头。

## 沿途无法预测的凶险

8月的时候，探险队到达印第安人的领地。好客的印第安人邀请他们吸烟，他们惊奇地发现，当地人的烟斗足有1米长，所以后来给吸烟的地方取名为烟斗崖。然而，并不是所有印第安人都平静而友好。9月，他们闯入了另外一个部落的领地，双方见面的场景惊心动魄。9月25日，在今天的南达科他州，探险队与酋长托特洪加会面。刚刚寒暄几

句，酋长的手下们突然调转长矛冲向停留在柏德河岸上的探险队员。克拉克没有退缩，他拔出佩剑，示意船上的士兵准备战斗。这一刻，上膛的火枪和士兵们勇敢的举动突然打消了拉克塔斯人战斗的想法。酋长匆忙命令手下离开船。经历了河岸上的紧张对峙之后，这些探险队员的勇敢给酋长留下了不错的印象。他抛却了最初的敌意，与探险队交好，并且派遣手下给他们开路。

10月，他们到达曼丹印第安人的聚居地，并且受到热烈欢迎。河面马上就要被冰雪覆盖，因此他们打算在那里过冬。1804年到1805年的冬天很长，也很冷。有些日子，气温骤降到令人牙齿打颤的−40℃！远征的队员们只得待在温暖的木头船舱里。天气实在是太寒冷了，他们绝对不敢贸然踏出屋外半步，因为他们曾亲见随着探险队前来的狗，跑到屋外后，被冻得粘在原地变成冰雕。

## 因被当成鹿而被射击的队长

直到第二年4月，漫长的冬季终于过去，河流解冻，探险队员们继续启程前行。然而，所有的地图都到此为止，再也没有详尽的描述，只能靠他们自己去判断，不过庆幸没有选错方向。后来，他们雇佣当地的印第安人做向导，到达了落基山脚下。接下来要面临更严峻的挑战——翻越洛基山！此时，探险队已弹尽粮绝，到夜晚更是冷得厉害。他们忍受着刺骨的寒冷，边牙齿打颤，边艰难地前行。

他们日夜兼程地赶路，休息时就去深山中打猎，以此作为食物来源。这天，十几个队员又分组去山中打猎，他们在空山中转悠半天，也没发现猎物影子。而几天前，他们还在这片山林中捕到了肥美的山鹿。正当沮丧的队员们准备打道回府时，忽然有个队员兴奋起来，他指着前方草丛中露出的鹿腿示意大家别惊动它。所有人悄悄包抄过去，静静趴着，瞄准。然后伴随着枪响，那只鹿应声倒在草丛中。所有队员都跑过去想活捉猎物，等他们围到跟前时才发现，他们的队长刘易斯正捂着受伤的腿躺在草地上，饥饿的他们竟把队长当成了鹿。

1805年11月，他们战胜一切，来到期待已久的哥伦比亚河，并顺流到达远征的目的地——太平洋。

## 美国西海岸的第一座堡垒

1805年11月，刘易斯和克拉克到达美国西部的太平洋海岸，并在这里建造了一座名为科拉特索普堡的堡垒。它是美国在太平洋边的第一座哨卡，也是美国在西部的地标，这成为刘易斯和克拉克此次探险的最高成就。这座堡垒的建成，宣告着美国军事力量的触角第一次延伸到了太平洋沿岸，为美国后来的西进运动奠定了基础。

出海探险，不幸丧命

# 埋藏在北冰洋里的富兰克林

20世纪末，一位加拿大的人类学家，在美国最靠近北冰洋的阿拉斯加州一个威廉国王岛上，发现了31块人类骨骼。当这位人类学家将这一发现公布时，当即就震惊了世界。经过深入的研究，人们发现了一个埋藏了很多个世纪的惊天大秘密。

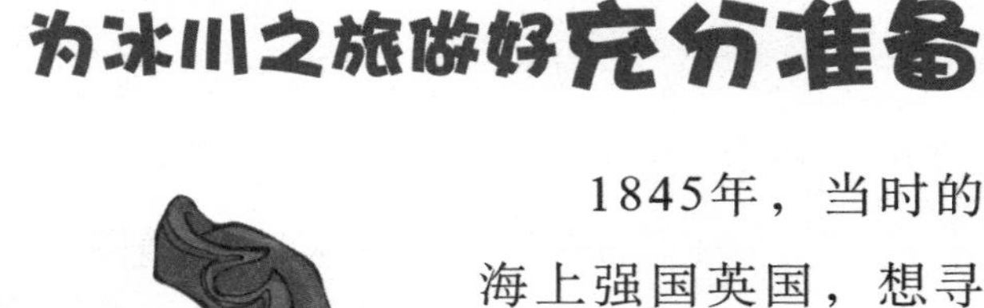

1845年，当时的海上强国英国，想寻找一条绕道俄罗斯或者加拿大，从北冰洋到达亚洲的新航线。为此，英国政府组织了一次北极探险之旅，而当时大名鼎鼎的极地探险家富兰克林，也欣然地应招入伍。

富兰克林根据自己在北极多年的探险经验，在出发之前做了充足的准备。他挑选了当时最先进的探险船，这种船不仅配备有前所未有的供暖系统，而且还装有厚厚的橡木横梁以抵挡浮冰的冲撞和挤压。在北极，由于气温很低，海洋表面的水常常会冻结成坚硬的冰块，从而阻碍船只的前行。不过当时的人们认为，这种新式的探险船完全可以带领他们穿越整个北冰洋。

1845年5月19日，富兰克林自信满满地率领着由129人组成的探险队出发了。他们首先驶向世界最北的格陵兰岛，然后沿着加拿大的北海岸线一直向西航行。按照富兰克林的计划，他们很有可能会在途中遭遇北极漫长的冬季，船会被冻在厚厚的冰层中。因此，他准备了足够用3年的食物和药品，以及其他的一些必要物资。在当时，几乎所有人都认为，最多两年，这个探险队就会成功返航。

## 食用罐头造成的铅中毒

富兰克林带领的探险船队在第一年进展得十分顺利，他们行驶在格陵兰岛与加拿大之间的海域，并没有发现大片浮冰。然而，当到了第二年6月的时候，他们终于遇到了探险以来的第一个危机：海面上的浮冰并没有像去年那样解冻，也就是说，他们被完全困在浮冰之上了。

不过富兰克林对此早有准备，在船舱下面那几千桶的罐头，将是他们

在浮冰解冻前的食粮。也许，他们会随着浮冰一直漂到太平洋，当时他这样天真地想到。然而，老天又给他们出了一道难题。半个月以后，许多船员开始出现腹痛、呕吐、头痛、头晕等病症。对此，富兰克林只以为是吃了一些不干净的食物，并未理会。可是后来有一天，一位船员突然口吐白沫，并伴有全身间歇性的抽搐，就好像羊癫疯发作一般。随后，当其他船员想过去照顾他的时候，他却猛然跳了起来，不断地对靠近自己的船员撕咬和抓挠，就仿佛疯了一样。大家费了九牛二虎之力才把他制服。后来经过队中医生的详细检查才发现，这位船员是铅中毒。听到这个消息，富兰克林这才想起，这些天探险队所有的食物都是铅罐头。想明白病因之后，他立即下令停止食用罐头食品，大家的病症才得以减轻和消除。

## 食物耗尽的探险队开始人吃人

富兰克林的探险进入到了第三年的夏天，浮冰依然没有解冻，而在这个时候，他们储存的食物却已经吃完了。在饥饿感的驱使之下，许多船员开始抓船上的老鼠充饥。看到这种情况的富兰克林眉头一皱，他显然有一种不好的预感。

终于，在一个星期以后，不好的预感变成了现实。一天夜里，富兰克林起来上厕所，突然听到从甲板上传来的异样声响。于是，他大着胆子，小心翼翼地上去一探究竟。可就在他到达甲板上的时

## 富兰克林与他4岁女儿的心灵感应

心灵感应，是一种大多数人都认为存在的超能力。一般认为，在所有人的大脑中都存在着一种特殊的磁场和脑电波，人们可以将这种脑电波发射出去，把自己的想法传给另外一个人，就好像发报机和接收器一样。脑电波的这种相互传递就被人们称为心灵感应。让人没有想到的是，富兰克林竟然和他4岁的女儿之间有着一种特殊的心灵感应。当富兰克林的探险队在北冰洋中遇险的时候，他远在苏格兰的4岁女儿就感应到了。并且，她还依照富兰克林传递给她的信息绘制了一张海图。不过当时并没有人相信，但是后来的发现证明，她绘制的海图竟然真的带领人们找到了富兰克林的残骸。

候，被眼前发生的一幕惊呆了。

几个壮硕的船员此时正围坐在一堆篝火前面，似乎在烧烤着什么。富兰克林借助火光，看清了那被烧烤的东西以后不由大声惊叫出声，因为那赫然是一个人，一个被烤熟的人。

富兰克林的惊叫声毫无疑问地惊动了那几个正在吃人的船员，他们就像野兽一样将他一下子扑倒，随即抽出匕首将他杀死，当成了第二天的晚餐。直到100多年以后，人们才知道富兰克林的死因，这个埋藏了多年的秘密终于见天日了。

那是什么？是蛇吗？

# 能够困杀船只的马尾藻海

在美国的东部海域之中，有一块约为500万平方千米的特殊水域。在这里，漂浮着大量的马尾藻，因此被人们称为“马尾藻海”。可就是这样一片看上去绿油油、没有任何威胁的海洋，却让许许多多船只葬送在此。

## 漂浮在海洋上的“绿色草原”

1492年，意大利航海家哥伦布发现了美洲新大陆。在这一年里，围绕在百慕大周围的那片能够吞噬过往船只的马尾藻海，也出现在了人们的视野之中。

一天，风和日丽，哥伦布的探险船队正行驶在一望无际的大西洋上。突然，从远处飘来了一股令人作呕的臭味。人们顺着臭味飘来的方向看去，发现那云雾飘渺的海面尽头，竟然有着一大片绵延几千米的绿色“草原”。这个时候，哥伦布和他的船员们都欣喜若狂，以为他们一直梦寐以求的印度就在眼前。可惜，他们拼命到达了那里以后才发现那根本就不是什么“草原”，而是一片绵延几千千米的海藻，这片海域，就是今天臭名昭著的马尾藻海。

马尾藻，是一种大海中常见的藻类。它拥有一个气囊，可以让自己漂浮起来，就像普通的海草一样长在海面。它拥有长长的茎叶，下面的根须附近会生存着许多小鱼，而这些小鱼，会散发大量的腥臭味。

## 长有章鱼脚上吸盘一样的海草

虽然哥伦布一行人已经知道了面前的那片绿色“草原”的真面目，但是为了一直向西走，哥伦布决定横穿这片绿色的海洋。而当时他并不知道，就是这个决定，让他们差点儿葬身于此。

探险船队随着哥伦布的一声令下，勇猛无畏地开进了马尾藻海域。可在他们进入了马尾藻海域还不到一天，就有船员发现不对劲了。因为自从他们进入这片绿油油的海域之后，行进速度似乎变得越来越慢。到了最后，他们的船被海面的马尾藻死死缠住，根本无法前进分毫。当天夜里，一位船员正在甲板上打扫卫生，他突然发现有许多像白蛇一样的物体，弯曲着自己的身体，悄悄地爬上甲板。

“噢！上帝，我看到了什么？”这个船员大声叫喊着，同时操起手中的扫帚，竭尽全力地朝那些“白蛇”的头部打去。随着这位船员的大声叫喊，其他船员也很快跑了出来，一同加入到这场打“白蛇”的行动中来。等到了天亮以后，人们仔细一看，昨天晚上看到的“白蛇”，竟然是一种与章鱼脚上吸盘类似的海草，所有人不寒而栗。这个时候，哥伦布果断地对所有船员说道：“我们必须赶快离开这个鬼地方，要不然早晚会成为恶魔的点心。”

于是，在哥伦布的带领下，所有船员齐心协力，终于在一个多月后，驶出了那片噩梦一般的海域。

## 出现在马尾藻海上的葡萄牙船只

哥伦布和他的船员们靠着自己的力量，最终驶出了那片可怕的马尾藻海域。但是对于后来的一艘葡萄牙船只来说，却没有这么幸运了。在15世纪末和16世纪初，葡萄牙是当时仅次于西班牙的航海大国。哥伦布发现美洲新大陆的消息传到葡萄牙后，葡萄牙国王立即下令派遣探险队启程前往那片神奇的大陆，可惜的是，那艘船出发之后就再也没

## 会钓鱼的马尾藻鱼

马尾藻鱼，是一种专门生活在马尾藻密集的地方的小鱼。在它的身上布满了白斑，这种颜色与马尾藻的颜色几乎一致。不仅如此，它还长着一种“叶子”一样的附属物和一对十分奇妙的鳍。这对鳍可以相互配合，灵活得就好像是我们人类的手一样，可以抓住它们赖以生存的海藻。这种鱼有一种十分特别的捕食方法，就是在它那长满了牙齿的嘴巴上悬着一个肉疙瘩，就如同诱饵一般，不断引诱着一些不知情的小鱼前来送死。如果遇到了别的动物攻击时，马尾藻鱼会吞下大量的海水，把身体胀得鼓鼓的，以至于如果攻击者不把它从嘴里吐出来，就会被活活地憋死。

有回来。几十年以后，当葡萄牙国王再次派遣的船队路过马尾藻海的时候，才发现了那艘探险船只的残骸，还有漂浮在海面上的一个船长手记密封盒。当人们打开这个盒子，翻看船长手记时，发现了一段不为人知的记载：“这也许是我最后一次写日记了。我们被困在这片布满绿藻的魔鬼海域已经快两个月了，也就是说，我们至少饿了半个月了。船员们都有气无力地躺在甲板上。那些该死的恶魔触手似乎察觉到我们的虚弱，开始了再一次的进攻。不过这一次，我们已经再也没有能力打退它们了，全身乏力的我们，只能眼睁睁地看着它们攀爬到自己身上，吸食我们的血肉。”

啊，这么多奇怪的鱼！

# 向海洋深处进军的勇士

浩瀚的海洋就像一本神秘的书，它是如此令我们好奇。很多年来，人们一直试图去更好地了解海洋。尽管前方的探索之路充满荆棘，甚至有时会与死神擦身而过，但是依然动摇不了我们想更加了解海洋的信念。

## 有惊无险的海底探险

人类最早向海洋深处进军是在1931年，威廉·彼博和奥蒂斯·巴顿

就是最早探索海底的人。他们坐在一个被称为球形潜水装置的空心金属球中，金属球被系在一条很长的绳索上。这个只有1.5米宽的球形装置上装了3个很厚的窗户，这样他们就可以清楚地观察到海底的景象了。在这个狭小的空间中，必须安置下两个人，还有电话、灯以及用来回收两个人呼出的二氧化碳气体的设备（如果在这个空间中没有这个设备，人们就会窒息而死），其中任何一个地方出现问题，都很有可能让这两个人丧命。虽然已经做好了心理准备，可是他们依然十分紧张。

突然，“潜艇”地板上居然出现了一摊水！当时可把这两位勇敢的先锋吓坏了，他们甚至绝望地以为自己再也看不到太阳。难道这是从球形潜水装置渗漏进来的吗？如果是这样真是糟糕透了！因为任何的渗漏都会喷射出足够大力量的高压水柱，就像激光切物体一样，“唰”的一下，就能够把他们的身体切成碎块。也许根本没等他们反应过来，脑袋就会立马离开脖子。天啊！要是这样可真是太可怕了。还好，原来这只不过是由于他们呼出的空气，在球形潜水装置的内壁遇冷凝结成的水，然后滴到地上形成的。真是有惊无险啊！

## 见识海底中可怕的“怪物”

我是蝰鱼。

球形潜水装置一直向下移动着，最深潜到水下923米。彼博和巴顿通过电话不时地把所见的情景告诉水面上的人。深海中的“怪物”身体都不大，可是看起来让人汗毛耸立。

看，那是什么东西？只有10多厘米长，可是样子却很恐怖：全身长满了竖着的刺，嘴巴那么宽，

感觉完全能够吞下像它身体那么大的猎物，原来它就是传说中的宽咽鱼。

还有一种看起来只有6厘米长的蝰鱼，只要它张开嘴，就会看到它那上下都往外凸，并且如刀尖般锋利的牙齿。估计无论什么东西到了它的嘴里，都一定会被咬得尸骨无存。蝰鱼有一个合叶状的头骨，下颌可以转得很开，从而吞下大猎物。它的胃就像橡皮那样有弹性，因此能吞下和本身同大的猎物，而且胃还能起储存的作用，如果食品多了，就多吞食一些，放到胃里储存起来。

那条又细又长的家伙是海蛇吗？至少有两米长。再仔细看看，还好只是从球形装置上脱落下来的一段黑色胶皮管而已。

由于到达海底深处的光线很少，所以水下发光的鱼就像夜空中闪亮的星星，但是很难被发现。原来，它们身体下腹的特殊细胞能够发出和上部海域海水完全一样的蓝色。然而，有一种特殊

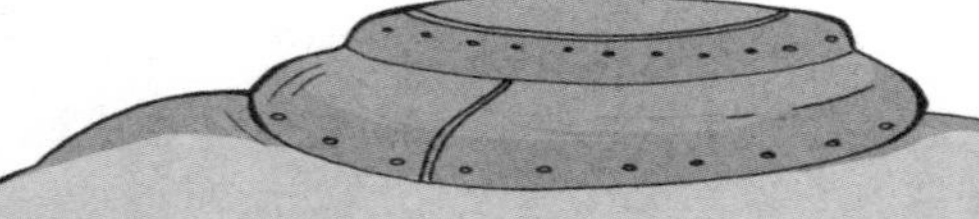

## 深海潜水器——迪里亚斯特号

迪里亚斯特号是一种球形潜水装置，它就像是一艘水下飞船，船顶的罐里充满了比水轻的汽油，但由于是液体，不能压缩。像迪里亚斯特号这样的潜水装置可以在大洋底部四处游逛，甚至可以到达大洋的最深处，即极限深度，就是在菲律宾东南部棉兰老岛海沟底部的将近12千米的地方。

的鱼能够看到它们，所以经常会找到并匆匆吞下这种几乎无法被发现的星光鱼。除此之外，几乎其他任何生物都发现不了它们。

## 水压太大而引起爆炸的长尾鲨号

虽然人们在海洋中并不能像鱼儿那样自在安全，可是依然有无数人对探索海洋抱有期待。1963年，一艘崭新的美国海军潜艇在正式投入使用之前进行海底试验。试验过程中，它的核动力设备运行时出现了错误，导致安全系统发挥了作用，使得反应堆被切断。这样通常不会出现大问题，但是在没有正常浮力和动力的情况下，潜艇就像脱了线的风筝，迅速下沉，速度越来越快，越来越深。它的船体设计深度为水下300米，可是到了这个深度的时候，它根本没有停下来，还在继续下沉。潜艇里的人感觉到死神越来越近了……

突然，潜艇失去了与陆上无线电信号的联系，水压变得如此巨大以至于不断挤压船体，使船的外壳完全被挤压到了内部。船体后方的金属装置当然就首当其冲，水墙爆炸式地扫向船员住宿间和其他各个控制室。在两秒钟以内，船体就被水冲散，全体船员共129人全部沉没海底，无一人幸免。

科学在不断发展，海底依然如此神秘。相信总有一天，知识能够战胜海底中的“恐怖”，人们能够以更安全的方式与海底接触并加以了解。

哇，海底吸人太可怕了！

# 吞噬活人的海底坟墓

在挪威沿海的荒芜半岛上，一个海湾曾吞噬过很多潜水员和过往船只。据说，在海湾的下面，有座巨大的坟墓，数百年来成百上千的人被埋葬于此。那么，海底坟墓里到底潜藏着什么呢？是童话故事里施展妖法，面目狰狞的老巫婆？还是神通广大，专门喜欢吃人的海底怪兽？人们进行着各种千奇百怪的猜测。

不要吃我啊！救命啊！

故事发生在1980年，当时挪威在这个海岸附近组织高难度的悬崖跳水比赛。之所以选中此处跳水，是因为这里三面环水，一面是山，风景秀丽，而且悬崖下的海水深不见底。

许多猎奇者从四面八方赶来，他们坐在游艇上，准备观看这场

哈哈！欢迎光临。

我们是驻守在这里的海底生物。

精彩绝伦的比赛。随着发令枪响，30多名跳水运动员飞下悬崖，同时做出各种各样的动作，最后钻入深不见底的大海。观看者纷纷为运动员们拍照。然而，谁也不会想到，这竟是运动员留给人们的最后的照片。半小时后，这场跳水比赛变成了“跳向坟墓的比赛”，此处的海面仿佛是通向坟墓的门，30多名运动员跳入“坟墓大门”之后，再也没露出过水面。

次日凌晨，一名经验丰富的潜水员配带安全绳和通气管下海探索。当安全绳下降到5米时，海底强大的力量立刻把潜水员、安全绳及船上的潜水救护装置全部吸进海底，整个过程只短短几分钟的时间，很多观众都亲眼目睹了这可怕的场景。后来，组织者又派出救援人员，然而幽蓝深邃的海水像贪得无厌的怪兽，张开巨口将他们统统吞入海底，被派遣去的救援人员全都有去无回。无奈之下，组织者向熟悉这带海水的地质学家们请求救援。地质学家们调查研究后发现，这个半岛所在的海域恰好是暖流和寒流交汇的地方。当冷暖两种海水交汇时，会形成强大的漩涡，类似陆地上的台风。它发生在水底，并把附近的人和物体都卷入涡心，带到水下。

## 脚上拴着铁链的尸体

组织者派出的救援人员都被海水吞噬，万般无奈之下，他们请求美国派海底潜水调查船增援。当时的调查工作由地质学家豪克尔逊主持。潜水调查船潜入水底后，他在电视监控器前不停地搜索着海底。突然，他发现在离船不远处有股异常强大的潜流，在潜流中不仅发现了30名运动员和2名潜水员的尸体、那艘微型潜艇，而且还发现不少脚上拴有铁链的尸体。他们甩着长长的铁链顺着潜流快速流动，此外，也有很多尸体被铁链拴在海底的巨石上，死状千奇百怪，死者面目狰狞。那么，这些被拴上铁链的尸体是从哪里来的呢？难道是被诅咒的灵魂？豪克尔逊大为惊讶，他不敢相信自己的眼睛，最后用监视器摄像机摄下这一奇景。

他们向熟知挪威历史的学者们请教，原来这个半岛曾经是座大监狱，遭流放的犯人们被押来此处看守。当时每年都会有不少犯人死在这里，而小岛面积有限，于是看守们就把这些死去的囚犯扔下悬崖，投入海底喂鱼。年岁渐久，海底便积累了许多尸体。也有很多囚犯因为受酷刑，被活生生投入海底后，看守怕他们还会逃命，便给他们绑上巨石，让其随着巨石沉入海底。

## 世界上最长的水下洞穴

2008年，墨西哥两名潜水员在尤卡坦半岛发现水下洞穴。它全长约153千米，是目前世界上最长的水下溶洞。尤卡坦半岛曾是史前古玛雅王国的所在地，考古学家们在水底最深处发现了他们留下的遗迹，包括保存完好，砌在石壁边上的炉灶、石器时代的石桌以及陶器等等。地质学家们认为，水下洞穴的形成与地质有关，这里多是海绵般的石灰岩，容易被偏酸性的雨水侵蚀，形成溶洞。